"十四五"职业教育国家规划教材《基础会计（第4版）》配

基础会计实训（第2版）

主　编　袁三梅　徐艳旻

副主编　胡越君　洪煜娴　袁　慧　邓晓丹

参　编　闵权凤　余镇龙　黄　文　徐薇鸿

北京理工大学出版社
BEIJING INSTITUTE OF TECHNOLOGY PRESS

内 容 简 介

本书是《基础会计（第4版）》（袁三梅、曾理主编，北京理工大学出版社，2023）的配套实训用书，按照《基础会计（第4版）》的项目顺序，逐项进行实训练习。实训练习包括单项选择题、多项选择题、判断题、问答题、业务题、案例分析题，以帮助同学们巩固已经学习过的基础会计知识，并进行手工做账训练。本书还对每一项目配有初级会计资格考试练习题，以帮助同学们顺利通过初级会计资格考试。

本书可作为高职高专院校会计类专业及其他财经商贸大类专业项目化教学的教材，也可作为会计从业人员及本科院校财会专业学生的学习用书。

版权专有　侵权必究

图书在版编目（CIP）数据

基础会计实训／袁三梅，徐艳旻主编．--2版．--
北京：北京理工大学出版社，2024.8
ISBN 978-7-5763-4084-6

Ⅰ．①基…　Ⅱ．①袁…　②徐…　Ⅲ．①会计学　Ⅳ.
①F230

中国国家版本馆 CIP 数据核字（2024）第 105998 号

责任编辑：李　薇	**文案编辑：**李　薇
责任校对：周瑞红	**责任印制：**施胜娟

出版发行 ／ 北京理工大学出版社有限责任公司
社　　址 ／ 北京市丰台区四合庄路 6 号
邮　　编 ／ 100070
电　　话 ／ （010）68914026（教材售后服务热线）
　　　　　　（010）68944437（课件资源服务热线）
网　　址 ／ http：//www.bitpress.com.cn

版 印 次 ／ 2024 年 8 月第 2 版第 1 次印刷
印　　刷 ／ 三河市天利华印刷装订有限公司
开　　本 ／ 787 mm×1092 mm　1/16
印　　张 ／ 15.75
字　　数 ／ 366 千字
总 定 价 ／ 45.00 元

前　言

本书是《基础会计（第4版）》（袁三梅、曾理主编，北京理工大学出版社，2023）的配套实训用书。教材以党的"二十大"精神为指引，结合当前高职教育教学特点和要求，将"理论""操作""考证"三方面的训练融为一体，将"自主学习与团队学习"融为一体，解决了基础会计课程需要配备习题册和手工实训教材两本辅助教材的问题，也解决了同学们缺少初级会计资格考试练习题的问题。本教材主要有以下特色：

1. 融"理论""操作""考证"为一体的训练。教材通过单项选择题、多项选择题、判断题、问答题、业务题、案例分析题对基础会计知识进行练习，帮助学生巩固、检测已经学习过的知识。业务题中要求同学们进行手工做账练习，既巩固理论知识，又进行手工做账训练。针对初级会计资格考试，教材配有初级会计资格考试练习题，以帮助同学们顺利通过初级会计资格考试。

2. 融"自主学习与团队学习"为一体的训练。教材通过"练一练"让同学们进行练习，再通过"对一对"让同学们对照练习题答案进行批改，对完答案了要进行归纳总结，看看自己要重点复习的题目及知识点有哪些。最后通过"测一测"完成初级资格证考试练习题，通过初级资格证练习题解析"评一评"，发现对于考证自己还有哪些漏洞。本书将练习题答案及资格证练习题解析单独结集成册，方便同学们练习时比对。教材中的案例分析题需要共同讨论，并且要求对小组讨论的经典内容进行记录，以培养高职学生的团队精神。全书突出学生的自主学习与团队学习的训练，践行社会主义核心价值观，满足高职人才培养要求。

3. 内容新颖，可操作性强。教材以国家最新的会计准则和会计制度为依据，注重知识更新。初级会计资格考试练习题选取按照初级会计从业资格考试的要求，选取最新的例题；结合党的"二十大"报告中提到的"建成现代化经济体系，形成新发展格局"，业务题的实训项目围绕企业基本经济业务，选取常见的会计核算业务，附有实训所需大量的原始凭证等资料，具有很强的可操作性。

本书由江西工业贸易职业技术学院高级会计师、教授袁三梅和江西工业贸易职业技术学院副教授徐艳旻担任主编，江西工业贸易职业技术学院胡越君、江西外语外贸职业学院洪煜娴、江西工业贸易职业技术学院袁慧和邓晓丹担任副主编，江西外语外贸职业学院闵权凤、江西华赣会计师事务所有限责任公司所长余镇龙以及江西工业贸易职业技术学院黄文、徐薇鸿参与本书的编写。编写分工如下：项目一由袁三梅、胡越君编写；项目二由徐艳旻、邓晓丹编写；项目三由黄文、徐薇鸿编写；项目四由洪煜娴编写；项目五由闵权凤编写；项目六由袁慧、余镇龙编写；袁三梅、徐艳旻进行了全书的修改和总纂。

　　本书在编写过程中参考了大量文献和资料，在此向相关作者表示感谢！由于水平有限，时间仓促，书中难免存在疏漏和不足之处，敬请读者和各界同人提出宝贵意见和建议，以便修订时加以完善。

编　者

目 录

项目一 带你走进会计世界，熟悉会计入门知识 ……………………………………… (1)

一、实训目标：学习目的与要求 ……………………………………………………… (1)

二、练一练：实训练习题 ……………………………………………………………… (1)

三、测一测：初级会计资格考试练习题 …………………………………………… (6)

项目二 反映经济业务，掌握填制与审核原始凭证的方法 ………………… (11)

一、实训目标：实训目的与要求 …………………………………………………… (11)

二、实训准备：实训器材与用具 …………………………………………………… (11)

三、练一练：实训练习题 …………………………………………………………… (11)

四、测一测：初级会计资格考试练习题 …………………………………………… (21)

项目三 记录经济业务，掌握填制与审核记账凭证的方法 ………………… (24)

一、实训目标：实训目的与要求 …………………………………………………… (24)

二、实训准备：实训器材与用具 …………………………………………………… (24)

三、练一练：实训练习题 …………………………………………………………… (24)

四、测一测：初级会计资格考试练习题 …………………………………………… (43)

项目四 汇总经济业务，掌握登记账簿的方法 ……………………………………… (49)

一、实训目标：实训目的与要求 …………………………………………………… (49)

二、实训准备：实训器材与用具 …………………………………………………… (49)

三、练一练：实训练习题 …………………………………………………………… (49)

四、测一测：初级会计资格考试练习题 …………………………………………… (59)

项目五 提供经济活动信息，掌握编制会计报表的方法 ………………… (67)

一、实训目标：实训目的与要求 …………………………………………………… (67)

二、实训准备：实训器材与用具 …………………………………………………… (67)

三、练一练：实训练习题 …………………………………………………………… (67)

四、测一测：初级会计资格考试练习题 …………………………………………… (78)

项目六　展示学习成果，进行会计工作过程的基本技能综合实训 ……………（84）

一、实训目标：实训目的与要求 ……………………………………………………（84）

二、实训准备：实训器材与用具 ……………………………………………………（84）

三、练一练：实训练习题 ……………………………………………………………（84）

四、测一测：初级会计资格考试练习题 …………………………………………（125）

参考文献 ………………………………………………………………………………（141）

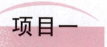

带你走进会计世界，熟悉会计入门知识

一、实训目标：学习目的与要求

通过实训，使学生进一步理解会计的特点、职能、对象和目标，进一步理解并掌握会计核算方法，了解会计人员职业素质要求，掌握会计入门知识，为今后参加初级会计资格考试奠定基础。同时培养学生拥有自主学习大数据时代会计新知识的素质和终身学习的态度；培养学生树立严谨的职业道德观，遵守《会计人员职业道德规范》，坚持"三坚三守"，强调会计人员"坚"和"守"的职业特性和价值追求；引导学生有理想、懂政策、遵纪守法、勤奋上进，树立民族文化自信和爱国情怀。

二、练一练：实训练习题

（一）单项选择题

1. 属于行政职务的是（　　）。
A. 总会计师　　　　B. 高级会计师　　　　C. 会计师　　　　D. 初级会计师
2. 《会计人员职业道德规范》倡导"三坚三守"推进诚信建设，这是我国（　　）制定会计人员职业道德规范。
A. 首次　　　　B. 第二次　　　　C. 第三次　　　　D. 第四次
3. （　　）不利于树立良好职业形象，维护会计行业声誉。
A. 树立正确的人生观和价值观　　　　B. 公私分明，不贪不占
C. 遵纪守法，一身正气　　　　D. 尔虞我诈
4. 会计是以（　　）为主要计量单位，反映与监督一个单位的经济活动的一种经济管理工作。
A. 实物　　　　B. 货币　　　　C. 工时　　　　D. 劳动耗费
5. 财政部（　　）发布关于印发《会计人员职业道德规范》的通知，这是我国首次制定全国性的会计人员职业道德规范。
A. 2023 年 5 月　　　　B. 2023 年 1 月　　　　C. 2023 年 10 月　　　　D. 2024 年 2 月
6. 会计的基本职能是（　　）。

A. 核算和管理　　　B. 控制和监督　　　C. 核算和监督　　　D. 核算和分析

7. （　　）职能是会计最基本的职能。

A. 预测和决策　　　B. 分析和检查　　　C. 核算　　　　　　D. 监督

8. 下列关于会计职能的说法，不正确的是（　　）。

A. 会计监督是会计核算的基础

B. 会计监督是会计核算质量的保证

C. 没有会计核算所提供的信息，监督就失去根据

D. 会计还具有预测经济前景、参与经济决策、评价经营业绩等功能

9. 会计的一般对象可以概括为（　　）。

A. 经济活动　　　　　　　　　　　B. 再生产过程中的资金运动

C. 生产活动　　　　　　　　　　　D. 管理活动

10. 下列不属于会计核算范围的事项是（　　）。

A. 用银行存款购买材料　　　　　　B. 生产产品领用材料

C. 企业自制材料入库　　　　　　　D. 与外企业签订购料合同

11. 会计核算中用来总括反映企业一定时期内财务状况和经营成果的专门方法是（　　）。

A. 设置账户　　　B. 成本计算　　　C. 登记账簿　　　D. 编制会计报表

12. （　　）是将一个会计主体持续经营的生产经营活动人为划分成若干个相等的会计期间。

A. 会计时段　　　B. 会计分期　　　C. 会计区间　　　D. 会计年度

13. 会计主体假设规定了会计核算的（　　）。

A. 时间范围　　　B. 空间范围　　　C. 期间费用范围　　　D. 成本开支范围

14. 建立货币计量假设的基础是（　　）。

A. 币值变动　　　B. 人民币　　　C. 记账本位币　　　D. 币值不变

15. 货币计量明确了会计的（　　）。

A. 经济业务的共同尺度　　　　　　B. 市场尺度

C. 计量尺度　　　　　　　　　　　D. A和B

16. 明确（　　）是组织会计核算工作的首要前提，因为它界定了会计活动的空间范围和会计人员的责权范围。

A. 会计主体　　　B. 持续经营　　　C. 货币计量　　　D. 会计分期

17. （　　）是指在正常情况下，会计主体的生产经营活动按既定的经营方针和预定的经营目标会无限期地经营下去，在可预见的未来，不会停产倒闭。

A. 会计主体　　　B. 持续经营　　　C. 货币计量　　　D. 会计分期

18. 关于会计主体说法不正确的是（　　）。

A. 可以是独立法人，也可以是非法人

B. 可以是一个企业，也可以是企业内部的某一个单位

C. 可以是单一的子公司，也可以是由几个子公司组成的企业集团

D. 当企业与业主有经济往来时，应将企业与业主作为同一个会计主体处理

19. （　　）是对会计信息最重要的质量要求。

A. 客观性　　　　　　　　　　　　B. 相关性、可理解性、可比性

C. 实质重于形式　　　　　　　　　　　　D. 重要性、谨慎性和及时性

20. 下列原则中不属于信息质量要求的原则是（　　）。

A. 客观性原则　　　B. 可比性原则　　　C. 配比原则　　　D. 相关性原则

21. （　　）是指企业应当按照交易或者事项的经济实质进行会计确认、计量和报告，不应仅以交易或者事项的法律形式为依据。

A. 客观性　　　　　　　　　　　　　　　B. 相关性、可理解性、可比性

C. 实质重于形式　　　　　　　　　　　　D. 重要性、谨慎性和及时性

22. 2023 年 9 月 20 日采用赊销方式销售产品 50 000 元，12 月 25 日收到货款存入银行。按收付实现制核算时，该项收入应属于（　　）。

A. 2023 年 9 月　　　B. 2023 年 10 月　　　C. 2023 年 11 月　　　D. 2023 年 12 月

23. 2023 年 3 月 20 日采用赊销方式销售产品 60 000 元，6 月 20 日收到货款存入银行。按权责发生制核算时，该项收入应属于（　　）。

A. 2023 年 3 月　　　B. 2023 年 4 月　　　C. 2023 年 5 月　　　D. 2023 年 6 月

24. 2023 年 9 月 1 日采用赊购方式购买原材料 70 000 元，11 月 25 日支付货款。按收付实现制核算时，该项支出应属于（　　）。

A. 2023 年 9 月　　　B. 2023 年 10 月　　　C. 2023 年 11 月　　　D. 2023 年 12 月

25.《企业会计准则——基本准则》规定企业应当以（　　）为基础进行会计确认、计量和报告。

A. 收付实现制　　　　　　　　　　　　　B. 权责发生制

C. 现收现付制和应收应付制　　　　　　　D. 任意

(二) 多项选择题

1. "会计"一词在现实生活中包括的含义有（　　）。

A. 会计人员　　　B. 会计工作　　　C. 会计学　　　D. 会计机构

2. 会计信息主要是通过财务报表来反映的。我们日常用的财务报表有（　　）。

A. 资产负债表　　　B. 损益表　　　C. 现金流量表　　　D. 附表

3. 会计专业技术资格分为（　　）。

A. 初级资格　　　B. 中级资格　　　C. 高级资格　　　D. 特级资格

4. 下列关于会计的说法正确的是（　　）。

A. 本质上是一种经济管理活动　　　　　　B. 以货币为主要计量单位

C. 针对特定主体的经济活动　　　　　　　D. 对经济活动进行核算和监督

5. 下列属于遵守会计职业道德的有（　　）。

A. 爱岗敬业　　　B. 吃苦耐劳　　　C. 遵纪守法　　　D. 诚实守信

6. 忠于职守、尽职尽责，要求会计人员忠实于（　　）。

A. 自己　　　　　　　　　　　　　　　　B. 家人和亲戚朋友

C. 社会公众　　　　　　　　　　　　　　D. 国家

7. 下列各项关于会计核算和会计监督之间的关系说法正确的有（　　）。

A. 两者之间存在着相辅相成、辩证统一的关系

B. 会计核算是会计监督的基础

C. 会计监督是会计核算的保障

D. 会计核算是会计监督的保障

8. 下列各项中，应当进行会计核算的有（   ）。

A. 接受投资人的投资   B. 从银行借入两年期借款

C. 与其他单位签订购买原材料的合同   D. 销售商品收到款项存入银行

9. 下列业务不属于会计核算范围的事项是（   ）。

A. 用银行存款购买材料   B. 编制财务计划

C. 企业自制材料入库   D. 与外企签订购料合同

10. 会计核算的内容是指特定主体的资金活动，包括（   ）等阶段。

A. 资金的投入   B. 资金的循环与周转

C. 资金的存储   D. 资金的退出

11. 下列各项中，属于会计信息使用者的有（   ）。

A. 投资者   B. 债权人

C. 企业管理者   D. 政府及其相关部门

12. 会计对大量的经济业务通过（   ）等工作，向会计信息使用者提供利润表和资产负债表来满足会计信息使用者的需要。

A. 确认   B. 计量   C. 记录   D. 报告

13. 下列属于会计核算的具体方法的是（   ）。

A. 设置会计科目和账户   B. 复式记账

C. 填制和审核会计凭证   D. 登记账簿

14. 会计的方法是从会计实践中总结出来的，主要包括（   ）。

A. 会计核算方法   B. 会计分析方法   C. 会计检查方法   D. 会计记账方法

15. 会计核算七种方法相互配合、互为依存，构成了互相联系、相互配合、缺一不可，但又各具特色的方法体系。其中主要是（   ），这三项活动周而复始、循环往复，构成了会计循环。

A. 设置账户和复式记账   B. 填制和审核会计凭证

C. 登记账簿   D. 编制会计报表

16. 下列项目中，属于会计基本假设的有（   ）。

A. 会计主体   B. 持续经营   C. 会计分期   D. 货币计量

17. 根据权责发生制原则，下列各项中应计入本期的收入和费用的是（   ）。

A. 本期销售货款收存银行   B. 上期销售货款本期收存银行

C. 本期预收下期货款存入银行   D. 计提本期固定资产折旧费

18. 本月收到上月销售产品的货款存入银行，下列表述中，正确的有（   ）。

A. 收付实现制下，应当作为本月收入   B. 权责发生制下，不能作为本月收入

C. 收付实现制下，不能作为本月收入   D. 权责发生制下，应当作为本月收入

19. 以权责发生制为核算基础，下列各项不属于本期收入或费用的是（   ）。

A. 本期支付下期的房租金   B. 本期预收的货款

C. 本期预付的货款   D. 本期售出商品但尚未收到货款

20. 会计核算基础，亦称会计记账基础，是指确定一个会计期间的收入与费用，从而确定损益的标准。会计核算基础有（   ）两种。

A. 权责发生制   B. 编制会计凭证

C. 收付实现制   D. 登记账簿

（三）判断题

1. 经济越发展，会计越重要。（　　）

2. 会计人员不钻研业务，不加强新知识的学习，造成工作上的差错，缺乏胜任工作的能力。这是一种既违反会计职业道德，又违反会计法律制度的行为。（　　）

3. 助理会计师、会计师主要以考试的形式选拔，高级会计师则以考试和评审相结合的形式选拔，而正高级会计师则以评审的形式选拔。（　　）

4. 货币量度是唯一的会计计量单位。（　　）

5. 会计职能只有两个，即核算与监督。（　　）

6. 会计方法是会计的基本方法，包括设置账户、复式记账、填制和审核会计凭证、登记账簿、成本计算、财产清查和编制会计报表。（　　）

7. 我国所有企业的会计核算都必须以人民币作为记账本位币。（　　）

8. 会计核算应当区分自身的经济活动与其他单位的经济活动。（　　）

9. 在持续经营前提下，会计主体在可预见的将来不会破产清算。（　　）

10. 谨慎原则是指在会计核算中应尽量低估企业的资产和可能发生的损失、费用。（　　）

11. 会计核算必须以实际发生的经济业务事项为依据。（　　）

12. 会计资料的真实性和完整性，是会计资料最基本的质量要求，是会计工作的生命。（　　）

13. 会计处理方法是指在会计核算中采用的具体方法。采用不同的处理方法，都不会影响会计资料的一致性和可比性，不会影响会计资料的使用。（　　）

14. 根据权责发生制原则，收入和费用的确定并不完全取决于款项是否已经收付。（　　）

15. 权责发生制是以权益、责任是否发生为标准来确定本期收益和费用的。（　　）

（四）问答题

1.《会计人员职业道德规范》提出的"三坚三守"是指什么？

2. 会计职业素质要求有哪些？

3. 会计的特点是什么？

4. 会计核算的基本前提是什么？

（五）业务题

实训目的：掌握会计基础的分类、特点、异同点及在我国会计基础的设定要求。

实训资料：龙腾企业财务部经理为了测试企业实习生刘强掌握会计基本理论的程度，列举了公司本月发生的下列经济业务。

1. 以存款支付上月份电费35 000元。

2. 收回上月的应收货款20 000元存入银行。

3. 收到本月的营业收入款15 000元存入银行。

4. 用现金支付本月应负担的办公费800元。

5. 以银行存款支付下季度保险费 2 100 元。

6. 销售产品取得收入 30 000 元，款项尚未收到。

7. 预收顾客货款 8 000 元存入银行。

实训要求：

（1）会计基础共有哪几种？各有什么特点？

（2）就上述业务而言，请采用不同的会计基础计算盈亏，比较其异同点。

（3）在我国，企业采用的是哪一种会计基础？为什么？

三、测一测：初级会计资格考试练习题

（一）单项选择题

1. 会计是以货币作为主要计量单位，反映和监督一个单位经济活动的一种（　　）。

A. 方式　　　　　　　B. 手段　　　　　　　C. 信息工具　　　　　　D. 经济管理工作

2. 下列各项属于会计基本职能的是（　　）。

A. 核算与分析　　　B. 反映与控制　　　C. 决策与预测　　　　D. 分析与监督

3. 下列各项中，属于会计通过对特定主体的经济活动进行确认、计量和报告，如实反映主体财务状况、经营成果和现金流量等信息这一职能的是（　　）。

A. 会计控制职能　　B. 会计核算职能　　C. 会计预算职能　　D. 会计监督职能

4. 会计的基本职能是（　　）。

A. 记账、算账和报账　　　　　　　　B. 核算与监督

C. 预测、决策和分析　　　　　　　　D. 监督和管理

5. （　　）是会计工作的基础。

A. 会计计算　　　　B. 会计分析　　　　C. 会计核算　　　　D. 会计检查

6. 下列各项中，属于会计在其核算中对特定主体经济活动的真实性、合法性和合理性进行审查的是（　　）。

A. 会计计算　　　　B. 会计控制　　　　C. 会计监督　　　　D. 会计分析

7. 下列各项中，能对会计工作质量起保证作用的是（　　）。

A. 会计核算　　　　B. 会计监督　　　　C. 会计预算　　　　D. 会计记账

8. 会计对象是企事业单位的（　　）。

A. 资金运动　　　　B. 资金活动　　　　C. 经济资源　　　　D. 劳动成果

9. 资金投入企业是资金运动的起点，主要包括（　　）。

A. 对外销售产品　　　　　　　　　　B. 向所有者分配利润

C. 购置固定资产　　　　　　　　　　D. 接受投资

10. 资金运动从货币形态开始又回到货币资金形态，我们称之为完成了一次（　　）。

A. 资金循环　　　　　　　　　　　　B. 资金运转

C. 资金运动　　　　　　　　　　　　D. 资金投入和退出

11. 资金的循环与周转过程不包括（　　）。

A. 供应过程　　　　B. 生产过程　　　　C. 销售过程　　　　D. 分配过程

12. 下列各项，要求企业提供的会计信息应当反映与企业财务状况、经营成果和现金流量有关的所有重要交易或者事项的会计信息质量要求是（　　）。

A. 重要性　　　　　　B. 及时性　　　　　　C. 相关性　　　　　　D. 可理解性

13. 延期确认收入，不符合会计信息质量要求的是（　　）。

A. 重要性　　　　　B. 谨慎性　　　　　C. 可比性　　　　　D. 及时性

14. 根据《企业会计准则》的规定，下列时间段中，不作为会计期间的是（　　）。

A. 年度　　　　　　B. 半月度　　　　　C. 季度　　　　　　D. 月度

15. 会计基本假设所做的合理设定内容是指（　　）。

A. 会计核算对象及内容　　　　　　　　B. 会计要素及内容

C. 会计核算方法及内容　　　　　　　　D. 会计核算所处时间、空间环境

16. 下列会计基本假设中，确立了会计核算时间范围的是（　　）。

A. 会计主体假设　　　　　　　　　　　B. 会计分期假设

C. 持续经营假设　　　　　　　　　　　D. 货币计量假设

17. 关于会计主体假设说法，正确的是（　　）。

A. 会计主体是投资者

B. 会计主体与法律主体是同义语

C. 会计主体是会计核算和监督的特定单位或组织

D. 会计主体假设明确了会计工作的时间范围

18. 下列说法中，正确的是（　　）。

A. 会计主体即会计实体，指记录会计信息的会计人员

B. 会计期间分为月度、季度和年度

C. 持续经营假设是指企业在可预见的将来不会停业，也不会大规模削减业务

D. 记账本位币就是指人民币

19. 在权责发生制下，下列货款中应列为本月收入的是（　　）。

A. 本月销售，下月收到货款　　　　　　B. 上月销售，本月收到的货款

C. 本月预收下月货款　　　　　　　　　D. 本月收到上月购货方少付的货款

20. 我国企业的会计确认、计量、报告的基础是（　　）。

A. 收付实现制　　　B. 实地盘存制　　　C. 永续盘存制　　　D. 权责发生制

21. 龙腾企业1月份发生下列支出：（1）预付全年仓库租金36 000元；（2）支付上年第4季度银行借款利息16 200元；（3）以现金520元购买行政管理部门使用的办公用品；（4）预提本月应负担的银行借款利息4 500元。按权责发生制确认的本月费用为（　　）元。

A. 57 220　　　　　B. 8 020　　　　　C. 24 220　　　　　D. 19 720

22. 启明星企业1月份发生下列支出：预付全年仓库租金12 000元；支付上年第4季度银行借款利息5 400元；以现金680元支付行政管理部门的办公用品；预提本月负担的银行借款利息1 500元。按权责发生制确认的本月费用为（　　）元。

A. 19 580　　　　　B. 7 080　　　　　C. 14 180　　　　　D. 3 180

23. 银龙企业6月份预付第三季度财产保险费1 800元；支付本季度借款利息3 900元（其中5月份1 300元，4月份1 300元）；用银行存款支付本月广告费30 000元。根据收付实现制，该单位6月份确认的费用为（　　）元。

A. 31 900　　　　　B. 31 300　　　　　C. 33 900　　　　　D. 35 700

24. 艾尔企业在年初用银行存款支付本年租金120 000元，于1月末仅将其中的10 000

元计入本月费用，这符合（　　　）。

    A. 收付实现制原则   B. 权责发生制原则

    C. 谨慎性原则   D. 历史成本计价原则

25. 关于权责发生制的表述中，不正确的是（　　　）。

    A. 权责发生制是以收入和费用是否归属本期为标准来确认本期收入和费用的一种方法

    B. 权责发生制要求，凡是不属于当期的收入和费用，即使款项已在当期收付，也不作为当期的收入和费用

    C. 权责发生制要求，凡是当期已经实现的收入和已经发生或应当负担的费用，无论款项是否收付，都应当作为当期的收入和费用

    D. 权责发生制要求，凡是本期收到的收入和付出的费用，不论是否属于本期，都应作为本期的收入和费用

（二）多项选择题

1. 关于会计的说法正确的是（　　　）。

    A. 本质上是一种经济管理活动   B. 以货币为主要计量单位

    C. 针对特定主体的经济活动   D. 对经济活动进行核算和监督

2. 关于会计核算和会计监督之间的关系，说法正确的是（　　　）。

    A. 两者之间存在着相辅相成、辩证统一的关系

    B. 会计核算是会计监督的基础

    C. 会计监督是会计核算的保障

    D. 会计核算是会计监督的保障

3. 下列属于会计核算的有（　　　）。

    A. 财物的收发、增减和使用   B. 债权、债务的发生和结算

    C. 开立子公司   D. 收入、支出、费用、成本的计算

4. 会计监督职能是指，会计人员在进行会计核算时，对经济活动的（　　　）进行审查。

    A. 真实性   B. 合法性   C. 合理性   D. 时效性

5. 资金退出包括（　　　）。

    A. 偿还各项债务   B. 支付职工工资

    C. 上交各项税金   D. 向所有者分配利润

6. 资金退出是资金运动的终点，以下属于资金退出业务的有（　　　）。

    A. 偿还银行借款   B. 支付发行债券的利息

    C. 缴纳所得税   D. 给股东分配现金股利

7. 以下业务中，属于资金循环过程的是（　　　）。

    A. 购买原材料   B. 将原材料投入产品生产

    C. 销售商品   D. 向投资者分配净利润

8. 以下各项中，属于会计信息使用者的是（　　　）。

    A. 投资者   B. 债权人

    C. 企业管理者   D. 政府及其相关部门

9. 下列项目中，属于会计基本假设的是（　　　）。

    A. 会计主体   B. 持续经营   C. 会计分期   D. 货币计量

10. 以下各项中，可以作为会计主体的是（　　　）。

A. 企业集团　　　　　B. 企事业法人　　　　C. 非法人单位　　　　D. 行政机关

11. 下列关于会计基本假设的说法中，正确的有（　　　）。

A. 会计主体界定了会计确认、计量和报告的空间范围

B. 会计分期明确了会计核算的时间范围

C. 会计分期有利于分期结算账目和编制财务报告

D. 货币计量能够全面地反映会计主体生产经营的业务收支等情况

12. 以下各项中，属于会计信息质量的可比性要求的是（　　　）。

A. 同一企业不同时期可比　　　　　　　　B. 不同企业相同会计期间可比

C. 不同企业不同会计期间可比　　　　　　D. 不同企业相同经济业务可比

13. 如果采用权责发生制基础，以下业务中能确认为当期收入的有（　　　）。

A. 收到购货方前欠销货款　　　　　　　　B. 销售商品，货款尚未收到

C. 销售商品，同时收到货款　　　　　　　D. 收到以前年度的销货款

14. 目前，我国事业单位会计可采用的会计基础是（　　　）。

A. 持续经营　　　　B. 权责发生制　　　　C. 货币计量　　　　D. 收付实现制

15. 采用权责发生制基础时，下列业务中不能确认为当期费用的是（　　　）。

A. 支付上月购买办公用品款　　　　　　　B. 预提本月短期借款利息

C. 预付下季度房租　　　　　　　　　　　D. 支付上月电费

（三）判断题

1. 会计是以货币为计量单位，运用专门的方法，核算和监督一个单位经济活动的一种管理工作。（　　　）

2. 会计对经济活动过程中使用的财产物资、发生的劳动耗费及劳动成果等以货币作为主要计量单位，进行系统的记录、计算、分析和考核，以达到加强经济管理的目的。（　　　）

3. 会计是以货币为主要计量单位，反映和监督单位经济活动的一种经济管理工作。（　　　）

4. 会计职能只有两个，即核算和监督。（　　　）

5. 从职能属性看，核算和监督本身是一种管理活动，从本质属性看，会计本身就是一种经济管理活动。（　　　）

6. 会计监督是一个过程，它分为事前监督、事中监督和事后监督三个阶段。（　　　）

7. 会计主体是指会计确认、计量和报告的空间范围，即界定了从事会计工作和提供会计信息的空间范围。（　　　）

8. 没有会计主体，就不会有持续经营；没有持续经营，就不会有会计分期；没有货币计量，就不会有现代会计。（　　　）

9. 会计分期是指将一个会计主体持续经营的生产经营活动划分为一个个连续的、长短相同的期间，以便分期结算账目和编制财务报告。（　　　）

10. 会计以货币为计量单位，货币是唯一的计量单位。（　　　）

11. 会计核算方法是会计的基本方法，包括设置账户、复式记账、填制和审核会计凭证、登记账簿、成本计算、财产清查和编制会计报表。（　　　）

12. 在持续经营前提下，会计主体在可预见的将来不会破产清算。（　　）

13. 在持续经营假设下，会计确认、计量和报告应当以企业持续、正常的经济活动为前提。（　　）

14. 持续经营是指会计主体将会按当前的规模和状态一直持续经营下去，不会停业、破产清算，也不会大规模削减业务。（　　）

15. 权责发生制基础要求，企业应当在收入已经实现或费用已经发生时就进行确认，而不必等到实际收到或支付现金时才确认。（　　）

反映经济业务,掌握填制与审核原始凭证的方法

一、实训目标：实训目的与要求

通过实训，使学生能够根据原始凭证判断发生何种经济业务，提升对经济活动的理解和分析能力。要求熟练掌握各类原始凭证的规范填写和审核方法，提高实务操作技能。培养学生的财经法规意识和职业道德素养，确保原始凭证内容的真实性、合法性和规范性。强调诚信、公正、责任等价值观在原始凭证处理中的重要性，引导学生树立正确的职业道德。

二、实训准备：实训器材与用具

黑色水笔，红笔，计算器。

三、练一练：实训练习题

（一）单项选择题

1. 下列各项中，不属于原始凭证基本要素的是（　　　）。
   A. 填制凭证的日期　　　　　　　　　　B. 经济业务内容
   C. 会计人员记账标记　　　　　　　　　D. 接受凭证单位名称

2. 在下列原始凭证中，属于自制原始凭证的是（　　　）。
   A. 自来水公司开具的水费发票　　　　　B. 火车票
   C. 银行转来的收款通知　　　　　　　　D. 仓库保管员填制的发货单

3. 在下列原始凭证中，属于外来原始凭证的是（　　　）。
   A. 增值税专用发票　　B. 工资计算表　　C. 出库单　　　　　D. 限额领料单

4. 下列各项中，不属于原始凭证的基本内容的是（　　　）。
   A. 接受凭证单位名称　　　　　　　　　B. 交易或事项的内容、数量、单价和金额
   C. 经办人员签名或盖章　　　　　　　　D. 应记会计科目名称和记账方向

5. 原始凭证按其填制手段不同，可分为（　　　）。
   A. 自制原始凭证和外来原始凭证　　　　B. 一次原始凭证和累计原始凭证
   C. 手工凭证和机制凭证　　　　　　　　D. 汇总原始凭证和记账编制凭证

6. 在原始凭证上书写阿拉伯数字，错误的做法是（　　）。

A. 金额数字前书写货币币种符号

B. 币种符号与金额数字之间要留有空白

C. 币种符号与金额数字之间不得留有空白

D. 数字前写有币种符号的，数字后不再写货币单位

7. 下列关于支票填写的说法中，错误的是（　　）。

A. 支票填写不全，可以补记　　　　　　B. 支票见票即付

C. 支票用途填写错误，可以更改　　　　D. 支票正面的项目，不得涂改

8. 原始凭证中（　　）出现错误的，不得更正，只能由原始凭证开具单位重新开具。

A. 金额　　　　　　　　　　　　　　　B. 汉字

C. 计量单位　　　　　　　　　　　　　D. 会计科目

9. 下列关于审核原始凭证时发现库存现金金额错误的处理方法的表述中，正确的是（　　）。

A. 经办人更正　　　　　　　　　　　　B. 会计主管人员更正

C. 会计人员更正　　　　　　　　　　　D. 原填制单位更正

10. 对于真实合法但小写金额错误的原始凭证，会计人员应（　　）。

A. 直接据以编制记账凭证　　　　　　　B. 将金额更正后据以编制记账凭证

C. 退回出具单位重新开具　　　　　　　D. 不予受理，并向单位负责人报告

11. 单位在审核原始凭证时，发现外来原始凭证的金额有错误，应由（　　）。

A. 接受凭证单位更正并加盖公章　　　　B. 原出具凭证单位更正并加盖公章

C. 原出具凭证单位重开　　　　　　　　D. 经办人员更正并报领导审批

12. 下列有关原始凭证错误的更正不正确的是（　　）。

A. 原始凭证记载的各项内容均不得涂改

B. 原始凭证金额错误的可在原始凭证上更正

C. 原始凭证错误的应由出具单位重开，更正处加盖单位印章

D. 原始凭证金额错误的不可在原始凭证上更正

13. 下列各项不属于原始凭证审核内容的是（　　）。

A. 凭证反映的经济业务是否真实　　　　B. 凭证中各项目是否填写齐全

C. 会计科目的使用是否正确　　　　　　D. 凭证是否有有关经办人员的签名或盖章

14. 下列属于审核原始凭证真实性的是（　　）。

A. 凭证日期是否真实、业务内容是否真实

B. 审核原始凭证所记录经济业务是否有违反国家法律法规的情况

C. 审核原始凭证各项基本要素是否齐全，是否有漏项情况

D. 审核原始凭证各项金额的计算及填写是否正确

15. 原始凭证的审核是一项十分重要、严肃的工作，经审核的原始凭证应根据不同情况处理，下列处理方法不正确的是（　　）。

A. 对于完全符合要求的原始凭证，应及时据以编制记账凭证入账

B. 对于不真实、不合法的原始凭证，会计机构和会计人员有权不予接受，并向单位负责人报告

C. 对于不完全符合要求的自制原始凭证，可先行编制记账凭证，以保证账务的及时处理，随后必须保证补充完整

D. 对于真实、合法、合理但内容不够完整、填写有错误的原始凭证，应退回给有关经办人员，由其负责将有关凭证补充完整、更正错误或重开后，再办理正式会计手续

16. 对外来原始凭证的审核内容，不包括（　　　）。

A. 经济业务的内容是否真实　　　　　　B. 填制单位公章和填制人员签章是否齐全

C. 填制凭证的日期是否真实　　　　　　D. 是否有本单位公章和经办人签章

17. 在审核原始凭证时，对于内容不完整、填制有错误或手续不完备的原始凭证，应（　　　）。

A. 拒绝办理，并向本单位负责人报告　　B. 予以抵制，对经办人员进行批评

C. 由会计人员重新填制或予以更正　　　D. 予以退回，要求更正、补充或重开

18. 对原始凭证应退回补充完整或更正错误，属于（　　　）。

A. 原始凭证违法行为　　　　　　　　　B. 原始凭证真实、合法、合理

C. 原始凭证不真实、不合法　　　　　　D. 原始凭证真实、合法、合理但不完整

19. 下列内容属于原始凭证"完整性"审核范围的是（　　　）。

A. 记录的经济业务有无违反国家法律法规

B. 记录的经济业务有无违反企业内部制度、计划和预算

C. 原始凭证是否经填制单位签章，大小写金额是否齐全

D. 大小写金额是否一致

20. 会计机构、会计人员对不真实、不合法的原始凭证和违法收支（　　　）。

A. 有权不予受理　　　B. 予以退回　　　C. 予以纠正　　　　　　D. 予以受理

（二）多项选择题

1. 原始凭证的基本内容包括原始凭证的名称、（　　　）、接受凭证单位名称、数量、单价和金额等。

A. 经办人员的签名或盖章　　　　　　　B. 填制凭证的日期

C. 经济业务的内容　　　　　　　　　　D. 填制单位名称或填制人员姓名

2. 原始凭证的基本内容中包括（　　　）。

A. 原始凭证名称　　　　　　　　　　　B. 接受原始凭证单位名称

C. 经济业务的性质　　　　　　　　　　D. 填制凭证日期

3. 下列各项属于原始凭证必须具备的基本内容是（　　　）。

A. 填制日期　　　　　　　　　　　　　B. 经济业务内容（含数量、单价和金额）

C. 会计分录　　　　　　　　　　　　　D. 接受凭证单位名称

4. 按填制手段可以将原始凭证分为（　　　）。

A. 自制原始凭证　　　B. 外来原始凭证　　C. 手工凭证　　　　　D. 机制凭证

5. 下列原始凭证中，属于自制原始凭证的有（　　　）。

A. 发料单　　　　　　　　　　　　　　B. 出库单

C. 实存账存对比表　　　　　　　　　　D. 飞机票

6. 下列属于外来原始凭证的有（　　　）。

A. 本单位开具的销售发票　　　　　　　B. 供货单位开具的发票

C. 职工出差取得的飞机票和火车票　　　　D. 银行收付款通知单

7. 以下属于原始凭证的有（　　　）。

A. 火车票　　　　　　　　　　　　　　B. 领料单

C. 增值税专用发票　　　　　　　　　　D. 产品入库单

8. 下列有关支票填写的说法中，正确的是（　　　）。

A. 现金支票和转账支票的收款人均不能为本单位

B. 现金支票和转账支票均没有用途的限制

C. 支票正面要盖有财务专用章和法人章，缺一不可

D. 支票的有效期为 10 天

9. 下列说法正确的是（　　　）。

A. 原始凭证必须记录真实，内容完整

B. 一般原始凭证发生错误，必须按规定办法更正

C. 支票正面填写错误，可视情况决定是否作废

D. 审核原始凭证中发现伪造凭证，应立即扣留凭证，并向单位负责人汇报

10. 企业购买材料一批并已入库，该项业务有可能存在的原始凭证有（　　　）。

A. 发票　　　　　　B. 支票　　　　　　C. 领料单　　　　　　D. 入库单

11. 原始凭证的审核内容包括审核原始凭证（　　　）等方面。

A. 真实性　　　　　　　　　　　　　　B. 合法性、合理性

C. 正确性、及时性　　　　　　　　　　D. 完整性

12. 下列人员中，（　　　）需要在自制原始凭证上签名或盖章。

A. 经办人员　　　　　B. 出纳人员　　　　　C. 记账人员　　　　　D. 经办部门

13. 关于原始凭证的审核，正确的是（　　　）。

A. 对通用原始凭证，可以不必审核

B. 对外来原始凭证，必须有填制单位公章和填制人员签章

C. 对自制原始凭证，必须有经办部门和经办人员的签名或盖章

D. 对于不真实的原始凭证，会计人员有权不予接受，并需要及时向单位负责人报告

14. 审核原始凭证的真实性包括（　　　）。

A. 凭证日期是否真实、数据是否真实

B. 对通用原始凭证，还应审核凭证本身的真实性，防止以假冒的原始凭证记账

C. 对外来原始凭证，必须有填制单位公章和填制人员签章

D. 业务内容是否真实

15. 对外来原始凭证审核的内容，包括（　　　）。

A. 经济业务的内容是否真实　　　　　　B. 填制单位公章和填制人员签章是否齐全

C. 填制凭证的日期是否真实　　　　　　D. 是否有本单位公章和经办人签章

（三）判断题

1. 自制原始凭证都是一次凭证，外来原始凭证绝大多数是一次凭证。　　　　（　　　）

2. 从外单位取得的原始凭证应有填制单位的公章和填制人员签字。　　　　　（　　　）

3. 所有支票均可用于提现或转账。　　　　　　　　　　　　　　　　　　　（　　　）

4. 原始凭证金额出现错误的可以划掉重新书写。　　　　　　　　　　　　　（　　　）

5. 审核原始凭证的正确性，就是要审核原始凭证所记录的经济业务是否符合企业生产经营活动的需要，是否符合有关的计划、预算和合同等规定。（　　）

6. 对于真实、合法、合理但内容不够完整、填写有错误的原始凭证，会计机构和会计人员不予以接受。（　　）

7. 对于不真实、不合法的原始凭证，会计机构、会计人员有权不予接受，并向单位负责人报告。（　　）

8. 原始凭证的审核内容主要包括真实性和合法性。（　　）

9. 原始凭证的审核主要审核原始凭证的合规性和完整性两个方面。（　　）

10. 原始凭证有错误的，应当由出具单位重开或更正，并在更正处加盖出具单位印章。（　　）

（四）业务题

1. 实训目的：练习小写金额数字的书写。

实训器材：黑色水笔。

实训资料：（1）人民币陆万柒仟捌佰玖拾玖元贰角整
（2）人民币壹仟零壹拾元整
（3）人民币玖仟万零肆元整
（4）人民币伍佰元零捌分
（5）人民币贰万零叁拾元零陆分
（6）人民币壹佰元整

实训要求：请将以上的大写金额数字写成小写金额数字（小写金额前的人民币用"￥"表示，无"角""分"用"0"补齐）。

2. 实训目的：练习大写金额数字的书写。

实训器材：黑色水笔。

实训资料：（1）￥123.45
（2）￥30000000.00
（3）￥6000.70
（4）￥8005.02
（5）￥92.30
（6）￥220.00

实训要求：请将以上的小写金额数字写成大写金额数字。

3. 实训目的：练习票据日期的书写。

实训器材：黑色水笔。

实训资料：（1）2018年1月3日
（2）2019年2月16日
（3）2020年10月17日
（4）2021年11月10日
（5）2022年12月20日
（6）2023年4月30日

实训要求：请将以上的日期书写为票据的出票日期形式。

4. 实训目的：练习现金支票、借款单、差旅费报销单、收据和增值税专用发票的填写。

实训器材：黑色水笔，计算器。

实训资料：江西南昌恒大有限公司开户行为中国建设银行高新支行，账号为 2562 2145 6321 02，地址为南昌市艾溪湖北路 521 号，纳税人识别号 3601 0631 4754 245。该公司会计人员是陈琦，出纳是刘霞，会计主管是王艳，单位法人代表是李鹏。

实训要求：该公司 2023 年 7 月发生的经济业务如下，请填写相关原始凭证。

（1）1 日，出纳开具现金支票一张，从本公司银行账户中提取现金 2 000 元备用。附现金支票，见图 2-1。

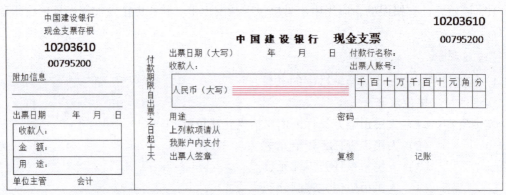

图 2-1

（2）2 日，采购部徐剑赴广州展销会采购公司所需原材料，向财务部预借现金 1 500 元，财务人员审核无误后予以支付。财务部经理李敏，采购部经理陈真。附借款单，见图 2-2。

借款单

年 月 日

借款部门		姓名		财务部经理		审核	
						记账	
项目	预付差旅费	出差事由		出差地点		部门经理	
	其他借款	借款理由					
		对方单位		账号开户行		付款方式	
人民币：（大写）				￥_____			

借款人签字：

图 2-2

（3）7 日，采购部徐剑 3 日从南昌至广州去开展销会，于 6 日回南昌，报销差旅费 1 200 元，其中火车费双程共计 600 元，住宿费总计 400 元，伙食费按 50 元/天报销，共计伙食费 200 元，并退回现金 300 元，财务部审核两张火车票和一张住宿发票无误后，按相关规定予以报销，并开具收据一张，收据编号为 5 号。附差旅费报销单，见图 2-3；附收款收据，见图 2-4。

差旅费报销单

年　月　日　　　　　　　　　　　　金额单位：元

单位：

起日		止日		合计天数	各项补助费						车船与杂支费					合计金额
					伙食补助费			公杂费包干			火车费	汽车费	飞机费	住宿费	其他	
月	日	月	日		天数	标准	金额	天数	标准	金额						

合计人民币（大写）　　　　　　　　　　　　　　　　￥_____

原借差旅费_____元　　　　报销_____元　　　　剩余交回_____元

出差事由

会计主管：　　　审核：　　　制单：　　　部门主管：　　　报销人：

图 2-3

收款收据

年　月　日　　　　　　　　　　第　号

交款单位或交款人		收款方式	
事由_____ 人民币（大写）_____	￥		备注：
收款人：	收款单位（盖章）		

图 2-4

（4）17 日，向南昌天虹商城销售应税货物一批，其中，成衣 90 套，每套 200 元；拖鞋 50 双，每双 30 元（均不含增值税），适用税率为 13%，由财务部开出增值税专用发票。天虹商城的纳税人识别号是 3601 0631 4759 829，地址是南昌市天祥大道 231 号，开户行及账号分别是中国建设银行高新支行和 2562 2145 6523 52。收款人为刘红。附增值税专用发票，见图 2-5。

5. 实训目的：练习材料入库单、转账支票和银行进账单的填写。

实训器材：黑色水笔，计算器。

实训资料：江西南昌新记有限公司开户行为中国工商银行高新支行，账号为 2562 2145 6749 29，该公司会计人员是王萍，出纳是李辰，会计主管是刘希，单位法人代表是顾斌，仓库保管员是胡部。南昌纺织厂开户行为中国工商银行昌北支行，账号为 2562 2145 7392 53。

2023 年 7 月 10 日，江西南昌新记有限公司的采购员黄晓向南昌纺织厂采购的原材料棉纱到货，验收入库，送货人为周浦，材料入库单编号为 000822，该批棉纱应收实收 11 吨，单价 2 000 元，假设无其他相关费用，由财务部开具转账支票和填制银行进账单予以支付。

3600151110　　　江西增值税专用发票　　　No 00064412

此联不做报销，扣税凭证使用　　　　开票日期：

购货单位	名　称： 纳税人识别号： 地址、电话： 开户行及账号：				密码区	543<0211+-+83920829<0676->>2-23/29 3<6372->>2/4>>4/>>>0072902815845/3 4//563<0217+-+019>302+648365420810 /1-1-35181019>947/0+8//-275+6*94>3

货物或应税劳务名称	规格型号	单位	数量	单价	金额	税率	税额
合　计							

价税合计（大写）	（小写）

销货单位	名　称： 纳税人识别号： 地址、电话： 开户行及账号：	备注

收款人：　　　　　复核：　　　　　开票人：　　　　　销货单位（章）

第一联　记账联　销货方记账凭证

图 2-5

实训要求：根据上述业务，填制相关原始凭证。附材料入库单，见图 2-6；附转账支票，见图 2-7；附银行进账单，见图 2-8。

材料入库单

供货单位：　　　　　　　　　　年　月　日　　　　　　　　　　编号：

类别	编号	名称	规格	单位	数量		金额									附注
					应收	实收	单价	总价								
								十	万	千	百	十	元	角	分	
合计																

仓库保管员：　　　　　采购业务员：　　　　　送货人：

图 2-6

中国工商银行
转账支票存根
10203632
00795665

附加信息
_____
_____

出票日期　　年　月　日

收款人：	
金　额：	
用　途：	

单位主管　　会计

付款期限自出票之日起十天

中国工商银行　转账支票
10203632
00795665

出票日期（大写）　　年　月　日　　付款行名称：
收款人：　　　　　　　　　　出票人账号：

人民币（大写）	千	百	十	万	千	百	十	元	角	分

用途　　　　　　　　　　密码_____

上列款项请从
我账户内支付
出票人签章　　　　　复核　　　　记账

图 2-7

ICBC 中国工商银行　进账单 (回　单) 1

年　月　日

出票人	全　称		收款人	全　称												此联是开户银行交给持票出票人的回单
	账　号			账　号												
	开户银行			开户银行												
金额	人民币（大写）				亿	千	百	十	万	千	百	十	元	角	分	
票据种类		票据张数														
票据号码																
		复核　记账						开户银行签章								

图 2-8

6. 实训目的：练习审核原始凭证。

实训器材：黑色水笔，计算器。

实训资料：江西南昌科技有限公司开户行为中国建设银行高新支行，账号为 2562 2145 6321 35，地址为南昌市艾溪湖北路 125 号，纳税人识别号 3601 0631 4724 367。该公司会计人员是丁玲，出纳是刘萌，会计主管是黄宁，单位法人代表是王心。

实训要求：该公司 2023 年 7 月发生的经济业务如下，审核相关原始凭证，若有误，请说明更正方法。

（1）2 日，本公司收到杭海市宏达运输公司开具的转账支票一张，共计 3 500 元，用以支付运费，见图 2-9。

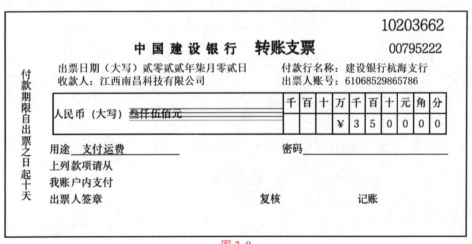

图 2-9

（2）18 日，向江西昌隆有限公司购入丙材料一批，不含税金额 2 000 元，税率 13%。涉及增值税专用发票一张，见图 2-10。

江西增值税专用发票   No 00063466

3601053140

开票日期：2023年07月18日

购货单位	名　称：江西南昌科技有限公司 纳税人识别号：360106314724367 地址、电话：南昌市艾溪湖北路125号86679899 开户行及账号：中国建设银行高新支行 25622145632135					密码区	440<0211+-+01913124<0676->>2-23/18 3<0602->>2/4>4/>>>0001879666845/3 4//563<0217+-+019>302+631005200410 /1-1-09881019>990/0+8//-275+6*94>4		
	货物或应税劳务名称	规格型号	单位	数量	单价	金额	税率	税额	
	丙材料		公斤	100	20.00	2 000.00	16%	320.00	
	合　　计					2 000.00		320.00	
	价税合计（大写）　　贰仟叁佰贰拾元整				(小写) ¥2 320.00				
销货单位	名　称：江西昌隆有限公司 纳税人识别号：360106314754225 地址、电话：南昌市天祥大道100号86679866 开户行及账号：中国建设银行高新支行 25622145652352					备注			

收款人：　　　　复核：　　　　开票人：　　　　销货单位（章）

第三联 发票联 购货方记账凭证

图 2-10

（3）21 日，三车间周辉领用 A 材料一批，请领数量和实发数量均为 3 000 千克，单价 1.5 元，领料单编号为 00063，填制领料单一张，见图 2-11。

领料单

领用单位：一车间　　　　　　2023年07月21日　　　　　　编号：00036

材料类别	材料编号	材料名称及规格	计量单位	数量		单价	金额
				请领	实发		
原材料		A材料	千克	3 000	3 000	1.50	450.00
备注：						合计	¥ 450.00

仓库保管员：　　　　　　领料部门负责人：　　　　　　领料人：

图 2-11

（4）28 日，收到李强退回的向财务部门多借的现金 50 元，填制收据一张，见图 2-12。

收款收据

2023年 07 月 18 日　　　　　　第 3 号

交款单位或交款人	李强	收款方式	现金
事由　退回多借现金			备注：
人民币（大写）伍拾元		¥50	
收款人：刘萌	收款单位（盖章）		

图 2-12

（五）案例分析题

实训目的：练习在具体情景模式下判断相关原始凭证的处理方式。

实训资料：江西昌隆有限公司为增值税一般纳税人，开户行为中国建设银行高新支行，地址为南昌市天祥大道 100 号，银行账号 2562 2145 6523 52，纳税人登记号 3601 0631 4754 225。会计人员是李琳，出纳员是龙龙，会计主管是吴风。

2023 年 7 月 15 日采购部陈晨去财务处报销差旅费，她于 10 日前从南昌去广州参加为时 5 天的订货会，为公司采购原料。出发日期是 7 月 5 日，返回日期是 7 月 10 日，共住宿 5 天。公司的报销限额是：往返车票全额报销，除往返车票外的交通费报销 100 元，住宿费按每晚 150 元报销，伙食费按每天 50 元报销。

报销时，她提交了以下原始凭证：南昌至广州的往返火车票，住宿费发票 700 元，打车费发票 150 元，餐费发票 200 元，打印费发票 100 元。她提出把住宿费或者餐费多余的限额用于报销部分打车费和全额的打印费。

实训要求：假设你是该公司的会计人员，判断以上相关业务应该怎么处理。

四、测一测：初级会计资格考试练习题

（一）单项选择题

1. 原始凭证上的小写金额 ¥25008.66，大写正确的是（　　）。

A. 人民币贰万伍仟零捌元陆角陆分整

B. 贰万伍仟零捌元陆角陆分

C. 人民币两万伍仟零捌元陆角陆分

D. 人民币贰万伍仟零捌元陆角陆分

2. 下列属于外来凭证的是（　　）。

A. 购进货物发票　　　　　　　　　　B. 工资发放明细表

C. 收料单　　　　　　　　　　　　　D. 领料单

3. 下列各项中，根据连续反映某一时期、不断重复发生而分次进行的特定业务编制的原始凭证的是（　　）。

A. 一次凭证　　　　B. 累计凭证　　　　C. 记账编制凭证　　　　D. 汇总原始凭证

4. 下列单证中，属于原始凭证的是（　　）。

A. 限额领料单　　　B. 材料请购单　　　C. 购销合同　　　　D. 生产计划

5. 发现原始凭证金额错误，下列各项中，正确的处理方法是（　　）。

A. 由本单位经办人更正，并由单位财务负责人签名盖章

B. 由出具单位重开

C. 由出具单位更正，更正处应当加盖出具单位印章

D. 由本单位会计人员按划线更正法更正，并在更正处签章

6. 仓库领料的限额领料单是（　　）。

A. 收款凭证　　　　B. 一次凭证　　　　C. 付款凭证　　　　D. 累计凭证

7. 由仓库保管人员根据购入材料的实际验收情况填制的一次性原始凭证称为（　　）。

A. 收料单　　　　　　　　　　　　　B. 领料单

C. 限额领料单　　　　　　　　　　　D. 发料凭证汇总表

8. 下列各项不属于自制原始凭证的是（　　　）。

A. 收料单　　　　　　　　　　　　　B. 产品出库单

C. 本单位开具的销售发票　　　　　　D. 供货单位开具的发票

9. 下列各项中，不属于原始凭证基本内容的是（　　　）。

A. 填制原始凭证的日期　　　　　　　B. 经济业务内容

C. 会计人员记账标记　　　　　　　　D. 原始凭证附件

10. 下列关于原始凭证的书写表述有误的是（　　　）。

A. 大写金额到元或角或分为止的，后面要写"整"或"正"字

B. 填制原始凭证时，不得使用未经国务院公布的简化汉字

C. 汉字大写金额一律用正楷或行书字体书写

D. 人民币符号和阿拉伯数字之间不得留有空白

（二）多项选择题

1. 下列关于限额领料单的说法中，正确的有（　　　）。

A. 是多次使用的累计发料凭证

B. 属于一次凭证

C. 一般一料一单，一式两联

D. 一联交仓库据以发料，一联交领料部门据以领料

2. 下列属于原始凭证填制要求中手续要完备这一条的是（　　　）。

A. 单位自制的原始凭证必须有经办单位领导人或者其他指定的人员签名盖章

B. 原始凭证所要求填列的项目必须逐项填列齐全，不得遗漏和省略

C. 从个人取得的原始凭证，必须有填制人员的签名盖章

D. 从外部取得的原始凭证，必须盖有填制单位的公章

3. 审核原始凭证时正确的做法是（　　　）。

A. 对于真实、合理、合法但内容不完整的，应退回由有关经办人员补办手续

B. 对于不真实、不合法的，会计人员应拒绝办理，并向负责人报告

C. 对于真实、合理、合法但填写金额有错的，应退回要求原单位重开

D. 对于真实、合理，但填写金额有错误的，应退回由原单位更正并盖章

4. 下列会计凭证，属于自制原始凭证的是（　　　）。

A. 限额领料单　　　　　　　　　　　B. 工资计算单

C. 经济合同　　　　　　　　　　　　D. 职工出差的火车票

5. 下列人员中，属于需要在自制原始凭证上签字或盖章的有（　　　）。

A. 经办部门的负责人　　　　　　　　B. 出纳人员

C. 记账人员　　　　　　　　　　　　D. 经办人员

6. 下列各项属于一次原始凭证的有（　　　）。

A. 购货发票　　　　B. 收款收据　　　　C. 火车票　　　　D. 限额领料单

7. 原始凭证的审核是一项十分重要、严肃的工作，经审核的原始凭证应根据不同的情况处理。下列处理正确的是（　　　）。

A. 对于完全符合要求的原始凭证，应及时据以编制记账凭证入账

B. 对于不真实、不合法的原始凭证，会计机构和会计人员有权不予接受，并向单位负

责人报告

C. 对于不完全符合要求的自制原始凭证，可先行编制记账凭证，以保证账务的及时处理，随后必须保证补充完整

D. 对于真实、合法、合理但内容不够完整、填写有错误的原始凭证，应退回给有关经办人员由其负责将有关凭证补充完整、更正错误或重开后，再办理正式会计手续

8. 下列属于外来原始凭证的有（　　　）。

A. 收料单　　　　　　　　　　　　B. 增值税专用发票

C. 购货取得的发票　　　　　　　　D. 报销差旅费的住宿费单据

9. 下列关于汇总原始凭证的说法中，正确的有（　　　）。

A. 汇总原始凭证是指在会计的实际工作日，为了简化记账凭证的填制工作，将一定时期若干份记录同类经济业务的原始凭证汇总编制一张汇总凭证

B. 汇总原始凭证可以用以集中反映某项经济业务的完成情况

C. 发料凭证汇总表属于汇总原始凭证

D. 汇总凭证可以将两类或两类以上的经济业务汇总在一起，填列在一张汇总原始凭证上

10. 下列凭证中，属于汇总凭证的有（　　　）。

A. 差旅费报销单　　　　　　　　　B. 发料凭证汇总表

C. 限额领料单　　　　　　　　　　D. 增值税专用发票

（三）判断题

1. 一次凭证只能反映一项经济业务，累计凭证可以反映若干项同类的经济业务。

（　　　）

2. 经办人员的签名或者盖章是原始凭证必须具备的要素之一。　　（　　　）

3. 对记载不准确、不完整的原始凭证，会计人员有权要求其重填。　（　　　）

4. 原始凭证发生错误，正确的更正方法是由出具单位在原始凭证上更正。（　　　）

5. 原始凭证金额有错误的，应该由出具单位更正并加盖单位印章。　（　　　）

6. 从个人取得的原始凭证，必须有填制人员的签名盖章。　　　　（　　　）

7. 自制原始凭证都是一次凭证，外来原始凭证绝大多数是一次凭证。　（　　　）

8. 填制原始凭证，汉字大写金额数字一律用正楷或草书书写。　　（　　　）

9. 对于不真实、不合法的原始凭证，会计人员应要求有关经办人员及财务负责人签字后，再正式办理会计手续。　　（　　　）

10. 如果原始凭证发生错误，应由出具单位进行更正，并在更正处加盖印章。　（　　　）

记录经济业务,掌握填制与审核记账凭证的方法

一、实训目标:实训目的与要求

通过实训,使学生掌握常用会计科目及账户的分类、结构;掌握借贷记账法及企业从筹资、采购、生产、销售到财务成果形成各环节经济业务的会计分录的编制方法,提升学生的职业判断能力,培养学生诚实守信、不做假账的核心价值观和职业道德;掌握记账凭证的种类、内容与填制和审核方法,培养学生树立一丝不苟、严谨认真、精益求精的工匠精神;能正确登记有关账户并进行试算平衡,正确计算账户余额;掌握传递与装订会计凭证的方法,锤炼学生吃苦耐劳、勤学苦练的劳动精神。

二、实训准备:实训器材与用具

记账凭证、黑色水笔、红色水笔、计算器、直尺。

三、练一练:实训练习题

(一) 单项选择题

1. 下列属于资产的是 (　　)。
A. 应收账款　　　　　B. 预收账款　　　　　C. 应付账款　　　　　D. 应交税费

2. 企业的原材料属于会计要素中的 (　　)。
A. 资产　　　　　　　B. 负债　　　　　　　C. 所有者权益　　　　D. 权益

3. 下列各项中,应当确认为负债的是 (　　)。
A. 因购买生产设备而已支付的设备款　　　B. 因违规而已支付的税款滞纳金
C. 因出售商品而应交纳的增值税　　　　　D. 因向 A 公司投资而已支付的款项

4. 下列各项中,属于流动负债的是 (　　)。
A. 应付债券　　　　　B. 预收款项　　　　　C. 应收及预付款　　　D. 存货

5. 未分配利润属于 (　　) 科目。
A. 资产　　　　　　　B. 负债　　　　　　　C. 所有者权益　　　　D. 成本

6. 下列关于所有者权益的表述中,不正确的是 (　　)。

A. 所有者权益是企业所有者对企业净资产的所有权

B. 所有者权益的金额等于资产减去负债后的净额

C. 所有者权益是指企业所有者对企业资产的剩余索取权

D. 所有者权益包括实收资本（或股本）、资本公积、盈余公积和主营业务收入等

7. 下列各项中，不属于所有者权益的是（   ）。

A. 实收资本   B. 盈余公积   C. 未分配利润   D. 净利润

8. 下列属于反映企业财务状况的会计要素的是（   ）。

A. 收入   B. 所有者权益   C. 费用   D. 利润

9. 所有者权益从数量上看，是（   ）。

A. 流动资产减去流动负债的余额   B. 长期资产减去长期负债的余额

C. 全部资产减去流动负债的余额   D. 全部资产减去全部负债的余额

10. 一个企业的资产总额与权益总额（   ）。

A. 必然相等   B. 有时相等

C. 不会相等   D. 只有在期末时相等

11. 一个企业的资产总额与所有者权益总额（   ）。

A. 必然相等   B. 有时相等

C. 不会相等   D. 只有在期末时相等

12. 一项资产增加，一项负债增加的经济业务发生后，会使资产与权益原来的总额（   ）。

A. 发生同增的变动   B. 发生同减的变动

C. 不会变动   D. 发生不等额的变动

13. 某企业刚刚成立时，权益总额为 80 万元，现发生一笔以银行存款 10 万元偿还银行借款的经济业务，此时，该企业的资产总额为（   ）万元。

A. 80   B. 90   C. 100   D. 70

14. 某企业资产总额为 500 万元，所有者权益为 400 万元，则向银行借入 70 万元借款后，负债总额为（   ）万元。

A. 470   B. 170   C. 570   D. 30

15. 某公司 2023 年年初资产总额 5 000 000 元，负债总额 2 000 000 元，当年接受投资者投资 500 000 元，从银行借款 1 000 000 元。该公司 2023 年年末所有者权益应为（   ）元。

A. 2 500 000   B. 1 500 000   C. 3 500 000   D. 5 000 000

16. 企业收入的发生往往会引起（   ）。

A. 负债增加   B. 资产减少

C. 资产增加   D. 所有者权益减少

17. 下列经济业务中，只能引起同一会计要素内部增减变动的业务是（   ）。

A. 取得借款存入银行   B. 用银行存款归还前欠货款

C. 用银行存款购买材料   D. 赊购原材料

18. 企业购入原材料一批，价值 11 600 元，款项尚未支付。这项经济业务会计要素的变化是（   ）。

A. 一项负债增加，另一项负债减少   B. 一项资产增加，一项负债增加

C. 一项资产增加，另一项资产减少   D. 一项资产增加，一项所有者权益增加

19. 某公司购入机器设备一台共 90 000 元，机器已投入使用，货款尚未支付。这项业务的发生意味着（　　）。

　A. 资产增加 90 000，负债减少 90 000　　　　B. 资产增加 90 000，负债增加 90 000

　C. 资产减少 90 000，负债减少 90 000　　　　D. 资产减少 90 000，负债增加 90 000

20. 下列会计业务中会使企业月末资产总额发生变化的是（　　）。

　A. 从银行提取现金　　　　　　　　　　　　B. 购买原材料，货款未付

　C. 购买原材料，货款已付　　　　　　　　　D. 现金存入银行

21. 以银行存款 50 000 元偿还企业前欠货款，这项经济业务所引起的会计要素变动情况属于（　　）。

　A. 一项资产与一项负债同时增加　　　　　　B. 一项资产与一项负债同时减少

　C. 一项资产增加，另一项资产减少　　　　　D. 一项负债增加，另一项负债减少

22. 银行将短期借款转为对本公司的投资，这项经济业务将引起本公司（　　）。

　A. 资产减少、所有者权益增加　　　　　　　B. 负债增加、所有者权益减少

　C. 负债减少、所有者权益增加　　　　　　　D. 负债减少、资产增加

23. 企业收回应收账款 10 000 元，存入银行，这一业务引起变化的会计要素是（　　）。

　A. 权益总额不变　　　　　　　　　　　　　B. 资产增加，负债增加

　C. 资产增加，负债减少　　　　　　　　　　D. 资产减少，负债增加

24. 企业以银行存款支付应付账款，会引起相关会计要素变化。下列表述中，正确的是（　　）。

　A. 一项资产增加，另一项资产的减少　　　　B. 一项资产减少，一项负债增加

　C. 一项资产减少，一项负债减少　　　　　　D. 一项负债减少，另一项负债增加

25. 引起资产和权益同时减少的业务是（　　）。

　A. 用银行存款偿还应付账款　　　　　　　　B. 向银行借款直接偿还应付账款

　C. 购买材料货款暂未支付　　　　　　　　　D. 工资计入产品成本但暂未支付

26. 会计科目是对（　　）。

　A. 会计对象分类所形成的项目　　　　　　　B. 会计要素分类所形成的项目

　C. 会计方法分类所形成的项目　　　　　　　D. 会计账户分类所形成的项目

27. 下列会计科目中，属于所有者权益类会计科目的有（　　）。

　A. 利润分配　　　　B. 应付债券　　　　C. 所得税费用　　　　D. 短期借款

28. 会计账户的设置依据是（　　）。

　A. 会计对象　　　　B. 会计要素　　　　C. 会计科目　　　　D. 会计方法

29. 进行复式记账时，对任何一项经济业务登记的账户数量应是（　　）。

　A. 一个　　　　　　　　　　　　　　　　　B. 两个

　C. 三个　　　　　　　　　　　　　　　　　D. 两个或两个以上

30. 下列关于借贷记账法的说法中，错误的是（　　）。

　A. 以"借"和"贷"为记账符号

　B. 以"资产＝负债＋所有者权益"为记账原理

　C. 以"有借必有贷，借贷必相等"为记账规则

　D. 无论哪种账户，借方表示增加，贷方表示减少

31. 下列不符合借贷记账法记账规则的是（　　）。

A. 资产所有者权益同时减少　　　　　　　B. 资产负债同时减少

C. 资产负债同时增加　　　　　　　　　　D. 两项资产同时增加

32. 借贷记账法下的"借"表示（　　）。

A. 费用增加　　　　　　　　　　　　　　B. 负债增加

C. 所有者权益增加　　　　　　　　　　　D. 收入增加

33. 下列关于借贷记账法下账户的结构说法错误的是（　　）。

A. 损益类账户和负债类账户结构类似

B. 资产类账户和成本类账户结构相同

C. 所有者权益类账户和损益类账户中的收入类账户结构相似

D. 损益类账户期末结转后一般无余额

34. 按照借贷记账法下的账户结构，下列项目中，（　　）类账户与负债类账户结构相同。

A. 资产　　　　　　B. 成本　　　　　　C. 费用　　　　　　D. 所有者权益

35. 在借贷记账法下，资产类账户的结构特点是（　　）。

A. 借方记增加，贷方记减少，余额在借方

B. 贷方记增加，借方记减少，余额在贷方

C. 借方记增加，贷方记减少，一般无余额

D. 贷方记增加，借方记减少，一般无余额

36. 采用借贷记账法时，损益支出类账户的结构特点是（　　）。

A. 借方登记增加，贷方登记减少，期末余额在借方

B. 借方登记减少，贷方登记增加，期末余额在贷方

C. 借方登记增加，贷方登记减少，期末一般无余额

D. 借方登记减少，贷方登记增加，期末一般无余额

37. 下列选项中，期末结转后无余额的账户是（　　）。

A. 应付利润　　　　　　　　　　　　　　B. 实收资本

C. 利润分配　　　　　　　　　　　　　　D. 主营业务成本

38. 负债和所有者权益类账户的期末余额一般在（　　）。

A. 借方　　　　　　B. 贷方　　　　　　C. 无余额　　　　　　D. 都可以

39. （　　）账户年末结转后一定没有余额。

A. 库存现金　　　　B. 资本公积　　　　C. 本年利润　　　　D. 短期借款

40. 在借贷记账法下，所有者权益账户的期末余额等于（　　）。

A. 期初贷方余额 + 本期贷方发生额 − 本期借方发生额

B. 期初借方余额 + 本期贷方发生额 − 本期借方发生额

C. 期初借方余额 + 本期借方发生额 − 本期贷方发生额

D. 期初贷方余额 + 本期借方发生额 − 本期贷方发生额

41. 下列各项中，属于"实收资本"账户的期末余额的计算公式是（　　）。

A. 期末余额 = 期初余额 + 本期借方发生额 + 本期贷方发生额

B. 期末余额 = 期初余额 + 本期借方发生额 − 本期贷方发生额

C. 期末余额 = 期初余额 – 本期借方发生额 – 本期贷方发生额

D. 期末余额 = 期初余额 – 本期借方发生额 + 本期贷方发生额

42. 某企业"原材料"账户月初余额为 380 000 元，本月验收入库的原材料共计 240 000 元，发出材料共计 320 000 元。月末，该企业"原材料"账户（　　　）。

A. 余额在借方，金额为 460 000 元　　　　B. 余额在贷方，金额为 460 000 元

C. 余额在借方，金额为 300 000 元　　　　D. 余额在贷方，金额为 300 000 元

43. 某企业"库存现金"科目的期初余额为 880 元，当月购买办公用品支付库存现金 200 元，企业销售人员出差报销支付库存现金 600 元，到银行提取库存现金 500 元，则该企业"库存现金"科目的期末余额应为（　　　）元。

A. 580　　　　　　B. 1 080　　　　　　C. 780　　　　　　D. 1 300

44. "应付账款"账户的期初余额为贷方 1 500 元，本期贷方发生额 3 000 元，借方发生额 2 500 元，则该账户的期末余额为（　　　）元。

A. 借方 1 000　　　B. 贷方 1 000　　　C. 贷方 2 000　　　D. 借方 2 000

45. 某企业"长期借款"账户期末贷方余额为 100 000 元，本期共增加 60 000 元，减少 80 000 元，则该账户的期初余额为（　　　）万元。

A. 借方 80 000　　　B. 贷方 80 000　　　C. 借方 120 000　　　D. 贷方 120 000

46. "预收账款"账户的期初余额为贷方 49 000 元，本期借方发生额 25 000 元，贷方发生额 33 900 元，则本期期末余额为（　　　）元。

A. 贷方 57 900　　　B. 借方 57 900　　　C. 贷方 57 000　　　D. 借方 57 000

47. 下列各项中，能通过试算平衡查找的错误是（　　　）。

A. 某项经济业务未记账　　　　　　　B. 应借应贷账户中借贷方向颠倒

C. 某项经济业务重复记账　　　　　　D. 应借应贷账户中借贷金额不相等

48. 余额试算平衡方法是根据（　　　）来确定的。

A. 借贷记账法的记账规则　　　　　　B. 资产 = 负债 + 所有者权益

C. 收入 – 费用 = 利润　　　　　　　　D. 平行登记原则

49. 在借贷记账法下，发生额试算平衡法的平衡公式是（　　　）。

A. 全部账户本期借方发生额合计 = 全部账户本期贷方发生额合计

B. 全部账户本期借方期初余额合计 = 全部账户本期借方期末余额合计

C. 全部账户本期贷方期初余额合计 = 全部账户本期贷方期末余额合计

D. 全部账户本期借方期初余额合计 = 全部账户本期贷方期末余额合计

50. 企业计提短期借款的利息支出时应借记账户（　　　）。

A. "财务费用"　　　B. "短期借款"　　　C. "应付利息"　　　D. "在建工程"

51. 某企业本月生产 A 产品耗用生产工时 240 小时，生产 B 产品耗用生产工时 360 小时。本月发生车间管理人员工资 6 万元，产品生产人员工资 60 万元。该企业按生产工时分配制造费用，假设不考虑其他项目，则本月 B 产品应负担的制造费用为（　　　）万元。

A. 2.4　　　　　　B. 2.64　　　　　　C. 3.6　　　　　　D. 3.96

52. 以库存现金支付本月工资 120 000 元，应编制会计分录为（　　　）。

A. 借：应付职工薪酬——工资　　　　　　　　　　　　120 000

　　　贷：库存现金　　　　　　　　　　　　　　　　　　　　120 000

  B. 借：库存现金   120 000
    贷：银行存款   120 000
  C. 借：银行存款   120 000
    贷：应付职工薪酬——工资   120 000
  D. 借：应付职工薪酬——工资   120 000
    贷：银行存款   120 000

53. 2023 年 8 月 5 日，仓库发出某材料 1 000 千克，单价 5 元/千克，共计 5 000 元，用于生产 G 产品。该项经济业务编制的会计分录为（　　）。

  A. 借：制造费用   5 000
    贷：原材料   5 000
  B. 借：管理费用   5 000
    贷：原材料   5 000
  C. 借：销售费用   5 000
    贷：原材料   5 000
  D. 借：生产成本   5 000
    贷：原材料   5 000

54. 下列费用中，不构成产品成本，而应直接计入当期损益的是（　　）。

  A. 直接材料费   B. 直接人工费   C. 期间费用   D. 制造费用

55. 某企业 2023 年 8 月发生如下费用：计提车间用固定资产折旧 30 万元，发生车间管理人员薪酬 120 万元，支付广告费 90 万元，计提短期借款利息 60 万元，支付业务招待费 30 万元，支付罚款支出 20 万元，则该企业本期的期间费用总额为（　　）万元。

  A. 150   B. 180   C. 300   D. 350

56. 由生产产品、提供劳务负担的职工薪酬，应当计入（　　）。

  A. 管理费用   B. 存货成本或劳务成本
  C. 期间费用   D. 销售费用

57. 某企业"生产成本"账户的期初余额为 80 万元，本期为生产产品发生直接材料费用 640 万元、直接人工费用 120 万元、制造费用 160 万元、企业行政管理费用 80 万元，本期结转完工产品成本 640 万元，假定该企业只生产一种产品，则该企业期末"生产成本"账户的余额为（　　）万元。

  A. 200   B. 280   C. 360   D. 440

58. 企业收回某公司所欠货款现金 500 元，应（　　）。

  A. 借记"库存现金"   B. 贷记"库存现金"
  C. 借记"银行存款"   D. 贷记"银行存款"

59. 企业在结转销售商品成本时，应借记的账户是（　　）。

  A. 原材料   B. 库存商品   C. 主营业务成本   D. 周转材料

60. 某企业销售一批商品，增值税专用发票上标明的价款为 300 万元，适用的增值税税率为 13%，为购买方代垫运杂费 10 万元，款项尚未收回，该企业确认的应收账款为（　　）万元。

  A. 300   B. 310   C. 351   D. 349

61. 某企业 2023 年 8 月实现的主营业务收入为 500 万元，投资收益为 50 万元；发生的主营业务成本为 400 万元，管理费用为 25 万元，资产减值损失为 10 万元，假定不考虑其他因素，该企业 8 月份的营业利润为（　　）万元。

A. 65　　　　　　　　B. 75　　　　　　　　C. 90　　　　　　　　D. 115

62. 已知某企业本年累计营业利润总额 3 000 000 元，本期共发生资产减值损失 100 000 元，营业外收入 300 000 元，营业外支出 200 000 元。那么，企业本期利润总额共计（　　）元。

A. 3 000 000　　　　B. 2 900 000　　　　C. 3 100 000　　　　D. 3 300 000

63. 企业从税后利润中提取法定盈余公积金时，应贷记的账户是（　　）。

A. "营业外收入"账户　　　　　　　　B. "实收资本"账户

C. "资本公积"账户　　　　　　　　　D. "盈余公积"账户

64. 某企业年初未分配利润为 200 万元，本年实现的净利润为 2 000 万元，按 10% 计提法定盈余公积金，按 5% 计提任意盈余公积金，宣告发放现金股利 160 万元，则企业本年末的未分配利润为（　　）万元。

A. 1 710　　　　　　B. 1 734　　　　　　C. 1 740　　　　　　D. 1 748

65. 货币收付以外的业务应编制（　　）。

A. 收款凭证　　　　B. 付款凭证　　　　C. 转账凭证　　　　D. 原始凭证

66. 企业外购一批材料已验收入库，货款已付。根据这笔业务的有关原始凭证，应该填制的记账凭证是（　　）。

A. 收款凭证　　　　B. 付款凭证　　　　C. 转账凭证　　　　D. 累计凭证

67. 某公司出纳小郑到开户银行提取现金 5 000 元，单位记账人员应根据有关原始凭证编制（　　）。

A. 现金收款凭证　　　　　　　　　　B. 现金付款凭证

C. 银行存款付款凭证　　　　　　　　D. 银行存款收款凭证

68. 下列经济业务中应填制库存现金收款凭证的是（　　）。

A. 从银行提取现金

B. 出售材料收到一张转账支票

C. 将现金存入银行

D. 收到职工报销差旅费归还的原预借多余现金

69. 企业购进原材料 60 000 元，款项未付。该笔经济业务应编制的记账凭证是（　　）。

A. 收款凭证　　　　B. 付款凭证　　　　C. 转账凭证　　　　D. 以上均可

70. 下列业务中应该编制收款凭证的是（　　）。

A. 购买原材料用银行存款支付　　　　B. 收到销售商品的款项

C. 购买固定资产，款项尚未支付　　　D. 销售商品，收到商业汇票一张

71. 付款凭证左上角的"贷方科目"可能登记的科目是（　　）。

A. 预付账款　　　　B. 银行存款　　　　C. 预收账款　　　　D. 应付账款

72. 企业的一笔经济业务涉及会计科目较多，需填制多张记账凭证的，最好采用的编号方法是（　　）。

A. 连续编号法　　　　B. 分数编号法　　　　C. 统一编号法　　　　D. 顺序编号法

73. 某企业根据一张发料凭证汇总表编制记账凭证，由于涉及项目较多，需填制两张记

账凭证，则记账凭证编号为（　　　）。

A. 付字第××1/2 号和付字第××2/2 号　　B. 收字第××号

C. 转字第××1/2 号和转字第××2/2 号　　D. 转字第××号

74. 下列内容中，不属于记账凭证审核内容的是（　　　）。

A. 凭证是否符合有关的计划和预算

B. 会计科目使用是否正确

C. 凭证的金额与所附原始凭证的金额是否一致

D. 凭证的内容与所附原始凭证的内容是否一致

75. 下列说法中，正确的有（　　　）。

A. 原始凭证附在记账凭证后面的顺序可与记账凭证所记载的内容顺序不一致

B. 凭证装订工作不一定非得在月底所有凭证都填制完毕后再进行，平时在凭证达到一定数量时就可以装订成册

C. 即使每个月单位业务量小，凭证不多，也不可把若干个月份的凭证合并订成一册

D. 装订成册的会计凭证应集中保管，可由单位的任何人保管

(二) 多项选择题

1. 会计要素包括（　　　）。

A. 资产　　　　　　B. 负债　　　　　　C. 收入　　　　　　D. 所有者权益

2. 企业的资产按流动性可以分为（　　　）。

A. 流动资产　　　　B. 非流动资产　　　C. 长期股权投资　　D. 无形资产

3. 资产的特征包括（　　　）。

A. 由过去的交易或事项形成　　　　　　B. 必须是有形的

C. 企业拥有或者控制的　　　　　　　　D. 预期能够给企业带来未来的经济利益

4. 关于负债，下列各项表述中正确的是（　　　）。

A. 负债按其流动性不同，分为流动负债和非流动负债

B. 负债是在未来某一时日通过交付资产和提供劳务来清偿

C. 正在筹划的未来交易事项，也会产生负债

D. 负债是企业由于过去的交易或事项而承担的将来义务

5. 按照企业从事日常活动的性质，收入有（　　　）。

A. 销售商品取得收入　　　　　　　　　B. 提供劳务取得收入

C. 让渡资产使用权取得收入　　　　　　D. 主营业务取得收入

6. 下列属于期间费用的是（　　　）。

A. 管理费用　　　　B. 财务费用　　　　C. 销售费用　　　　D. 制造费用

7. 下列项目中，属于费用要素特点的有（　　　）。

A. 与向所有者分配利润无关

B. 企业在日常活动中发生的经济利益的总流入

C. 经济利益的流出额能够可靠计量

D. 会导致所有者权益减少

8. 下列等式中属于正确的会计等式的有（　　　）。

A. 资产 = 权益

B. 资产 = 负债 + 所有者权益

C. 收入 – 费用 = 利润

D. 资产 = 负债 + 所有者权益 + （收入 – 费用）

9. 属于引起会计等式左右两边会计要素变动的经济业务有（　　）。

A. 收到某单位前欠货款 20 000 元存入银行

B. 以银行存款偿还银行借款

C. 收到某单位投来机器一台，价值 80 万元

D. 以银行存款偿还前欠货款 10 万元

10. 属于只引起会计等式左边会计要素内部变动的经济业务有（　　）。

A. 购买材料 800 元，货款暂欠

B. 银行提取现金 500 元

C. 购买机器一台，以存款支付 10 万元货款

D. 接受国家投资 200 万元

11. 下列选项中，不会使"资产 = 负债 + 所有者权益"会计等式两边总额发生变动的有
（　　）。

A. 资产内部项目有增有减 　　　　　　B. 资产和负债项目同增同减

C. 负债和所有者权益项目有增有减 　　D. 资产和所有者权益项目同增同减

12. 任何一项经济业务都不会导致（　　）。

A. 资产增加，所有者权益减少，负债不变

B. 资产增加，所有者权益增加，负债不变

C. 负债减少，所有者权益增加，资产不变

D. 负债减少，资产增加，所有者权益不变

13. 下列经济业务会引起资产总额发生变化的是（　　）。

A. 从银行提取现金 　　　　　　　　　B. 购入材料 50 000 元，货款未付

C. 投资者投入设备一台 　　　　　　　D. 以银行存款归还前欠货款

14. 下列会计科目中，贷记银行存款，同时借记的可能有（　　）。

A. 库存现金 　　　　B. 本年利润 　　　　C. 应交税费 　　　　D. 管理费用

15. 下列等式正确的是（　　）。

A. 期末余额 = 期初余额 + 本期增加数 – 本期减少数

B. 期末余额 = 本期增加发生额 – 本期减少发生额

C. 期末余额 = 本期增加数

D. 期末余额 + 本期减少数 = 期初余额 + 本期增加数

16. 借贷记账法的记账符号"贷"对于下列会计要素表示增加的有（　　）。

A. 资产 　　　　　　B. 负债 　　　　　　C. 所有者权益 　　　　D. 收入

17. 下列账户中，用贷方登记增加数的账户有（　　）。

A. "应付账款" 　　　B. "实收资本" 　　　C. "累计折旧" 　　　D. "盈余公积"

18. 采用借贷记账法时，账户的借方一般用来登记（　　）。

A. 资产的增加 　　　B. 收入的减少 　　　C. 费用的增加 　　　D. 负债的增加

19. 关于借贷记账法下的账户结构，下列说法中正确的有（　　）。

A. 资产类账户的借方表示增加，贷方表示减少

B. 权益类账户的贷方表示增加，借方表示减少

C. 资产类账户的期初和期末余额一般在借方

D. 权益类账户的期初和期末余额一般在贷方

20. 下列各项中，在借贷记账法下，关于负债类账户结构描述正确的有 （   ）。

A. 期末余额一般在贷方

B. 借方登记减少额

C. 贷方登记增加额

D. 期末贷方余额 = 期初贷方余额 + 本期贷方发生额 – 本期借方发生额

21. 关于费用支出类账户的余额，下列表述不正确的是 （   ）。

A. 一般在借方   B. 一般在贷方

C. 通常没有余额   D. 借方或贷方均有可能

22. 负债类账户与 （   ） 账户记录的增减的方向一致。

A. 主营业务收入   B. 主营业务成本   C. 营业外收入   D. 营业外支出

23. 借贷记账法的贷方表示 （   ）。

A. 资产的增加   B. 成本的减少

C. 所有者权益的增加   D. 负债的增加

24. 以下会计分录中，属于复合会计分录的有 （   ）。

A. 借：原材料
     贷：银行存款

B. 借：银行存款
     贷：主营业务收入
         应交税费——应交增值税

C. 借：生产成本
       制造费用
     贷：原材料

D. 借：财务费用
     贷：应付利息
   借：应付利息
     贷：银行存款

25. 下列各项中，属于会计分录的形式有 （   ）。

A. 多借多贷   B. 一借多贷

C. 多借一贷   D. 一借一贷

26. 企业的主要经济业务一般有 （   ）。

A. 筹集资金业务   B. 材料采购业务

C. 产品生产业务   D. 产品销售业务

27. 下列关于"管理费用"账户说法正确的有 （   ）。

A. 该账户借方登记本期发生的各项开支

B. 该账户贷方登记期末结转"本年利润"的本期各项开支

    C. 该账户结转"本年利润"后，无余额

    D. 该账户应结转至"本年利润"的贷方

28. 某企业 8 月工资分配如下：生产甲产品的工人工资 46 500 元，生产乙产品的工人工资 23 500 元，车间管理人员工资 8 000 元，行政管理人员工资 42 000 元。那么，下列分录中错误的有（　　）。

    A. 借：生产成本——甲产品   46 500

                 ——乙产品   23 500

          制造费用   8 000

          管理费用   42 000

        贷：应付职工薪酬——工资   120 000

    B. 借：生产成本——甲产品   46 500

                 ——乙产品   23 500

          管理费用   50 000

        贷：应付职工薪酬——工资   120 000

    C. 借：生产成本   78 000

          管理费用   42 000

        贷：应付职工薪酬——工资   120 000

    D. 借：生产成本——甲产品   46 500

                 ——乙产品   23 500

          销售费用   8 000

          管理费用   42 000

        贷：应付职工薪酬——工资   120 000

29. 下列关于"生产成本"科目的表述中，正确的有（　　）。

A. 主要用于核算企业生产过程中发生的各项费用

B. 借方反映所发生的各项生产费用

C. 贷方反映完工转出的产品成本

D. 期末借方余额反映尚未加工完成的各项在产品的成本

30. 企业生产车间领用的材料，可能计入的会计科目有（　　）。

    A. 销售费用   B. 制造费用   C. 管理费用   D. 生产成本

31. 下列费用中，应计入制造费用的有（　　）。

    A. 车间办公费   B. 车间设备折旧费

    C. 车间机物料消耗   D. 车间管理人员的工资

32. 甲公司于 2023 年 6 月 20 日向乙企业销售一批商品，成本为 50 000 元，增值税发票上注明价款 60 000 元，增值税额 7 800 元。货款未收。6 月 30 日，甲公司收到货款。以下甲公司会计处理方法正确的是（　　）。

    A. 6 月 20 日销售商品时

      借：应收账款   50 000

        贷：库存商品   50 000

    B. 6 月 20 日销售商品时

　　借：应收账款——乙企业　　　　　　　　　　　　　67 800
　　　贷：主营业务收入　　　　　　　　　　　　　　　　　　60 000
　　　　　应交税费——应交增值税（销项税额）　　　　　　　7 800
　C. 结转商品成本
　　　借：主营业务成本　　　　　　　　　　　　　　　50 000
　　　　　贷：库存商品　　　　　　　　　　　　　　　　　　50 000
　D. 6 月 30 日，收到货款时
　　　借：银行存款　　　　　　　　　　　　　　　　　67 800
　　　　　贷：应收账款——乙企业　　　　　　　　　　　　　67 800

33. 某企业销售一批商品，增值税专用发票注明售价为 100 000 元，增值税 13 000 元，款项尚未收到，但已符合收入的确认条件。若该批商品成本为 70 000 元，则（　　　）。

　A. 应确认"应收账款"113 000 元　　　　　B. 应确认"主营业务收入"100 000 元
　C. 应确认"主营业务成本"70 000 元　　　　D. "库存商品"科目减少 70 000 元

34. 企业当年实现净利润 100 万元，按 25% 的所得税税率计算，本年度应缴所得税为 25 万元，则该项经济业务涉及的账户有（　　　）。

　A. 应交税费　　　　　B. 税金及附加　　　　　C. 应交所得税　　　　　D. 所得税费用

35. 李林出差回来，报销差旅费 1 200 元，原借款 1 500 元，交回剩余现金 300 元。这笔业务应该（　　　）。

　A. 只编制 300 元现金收款凭证　　　　　B. 根据 300 元编制现金收款凭证
　C. 根据 1 200 元编制转账凭证　　　　　D. 编制 1 500 元转账凭证

36. 收款凭证的借方科目，不可能登记的有（　　　）。

　A. 银行存款　　　　　B. 库存现金　　　　　C. 应付账款　　　　　D. 应收账款

37. 下列经济业务中，应填制付款凭证的是（　　　）。

　A. 提现金备用　　　　　　　　　　　　B. 购买材料预付定金
　C. 购买材料未付款　　　　　　　　　　D. 以存款支付前欠某单位账款

38. 下列各项中，属于专用记账凭证的有（　　　）。

　A. 收款凭证　　　　　B. 付款凭证　　　　　C. 转账凭证　　　　　D. 单式记账凭证

39. 下列关于会计凭证装订和保管的说法中，正确的有（　　　）。

　A. 原始凭证较多时可以单独装订
　B. 装订成册的会计凭证要加具封面，并逐项填写封面内容
　C. 对会计凭证必须妥善整理和保管，不得丢失或任意销毁
　D. 装订成册的会计凭证应集中保管，并指定专人负责

40. 会计凭证的保管应做到（　　　）。

　A. 定期归档以便查阅　　　　　　　　　B. 查阅会计凭证要有手续
　C. 由企业随意销毁　　　　　　　　　　D. 保证会计凭证的安全完整

（三）判断题

1. 依据《企业会计准则》，企业的会计对象共划分为资产、负债、净资产、收入、支出和结余六大会计要素。　　　　　　　　　　　　　　　　　　　　（　　　）

2. 会计要素中既有反映财务状况的要素，也含反映经营成果的要素。　　（　　　）

3. 资产包括固定资产和流动资产两部分。（　　）

4. 所有者权益是企业投资人对企业资产的所有权。（　　）

5. 收入是指企业在日常活动中形成的、与所有者投入资本有关、会导致所有者权益增加的经济利益的总流入。（　　）

6. 企业取得收入，便意味着利润可能形成。（　　）

7. 收入类账户与费用类账户一般没有期末余额，但有期初余额。（　　）

8. 管理费用和制造费用一样都属于期间费用。（　　）

9. 净利润是指营业利润减去所得税后的金额。（　　）

10. 企业的利润包括主营业务收入、其他业务收入和营业外收支净额。（　　）

11. 会计恒等式就是指"有借必有贷，借贷必相等"。（　　）

12. 会计等式揭示了会计要素之间的平衡关系，因而成为设置会计科目、复式记账、编制会计报表等会计核算方法的理论依据。（　　）

13. 不论发生什么样的经济业务，会计等式两边会计要素总额的平衡关系都不会破坏。（　　）

14. 企业收到某单位还来的前欠货款 1 万元，该项经济业务会引起会计等式左右两方会计要素产生同时增加的变化。（　　）

15. 向银行取得一笔短期借款并存入银行，会引起资产和负债同时增加。（　　）

16. 企业收回以前的销货款存入银行，则这笔业务的发生意味着资产总额增加。（　　）

17. 收入一定表现为企业资产的增加。（　　）

18. 会计科目仅是名称而已，若要体现会计要素的增减变化及变化后的结果，则要借助于账户。（　　）

19. 会计科目的简单格式分为左右两方，其中，左方表示增加，右方表示减少。（　　）

20. 会计科目是对会计要素分类所形成的项目。（　　）

21. 会计科目只有总分类科目一个级次。（　　）

22. 所有账户都是依据会计科目开设的。（　　）

23. 账户的基本结构是增加、减少、余额，所以账户的格式设计以这三方面的内容为基础。（　　）

24. 借贷记账法，借方表示增加，贷方表示减少，余额在借方。（　　）

25. 在借贷记账法下，账户用哪一方登记增加或减少取决于账户性质。（　　）

26. 一般而言，费用（成本）类账户结构与权益类账户相同，收入（利润）类账户结构与资产类账户相同。（　　）

27. 某企业银行存款期初借方余额为 10 万元，本期借方发生额为 5 万元，本期贷方发生额为 3 万元，则期末借方余额为 12 万元。（　　）

28. 通过试算平衡表检查账户记录是否正确，如果借贷平衡，就说明记账没错误。（　　）

29. 期末进行试算平衡时，全部资产类账户的本期借方发生额合计应当等于其贷方发生额合计。（　　）

30. "生产成本"是资产类账户，期末如有余额，表示尚未完工的在产品成本。（　　）

31. 管理费用是企业行政管理部门为组织和管理生产经营活动而发生的各项费用，包括行政人员的工资和福利费、办公费、折旧费、广告宣传费、借款利息等。

32. 生产部门人员的职工薪酬，借记"生产成本""制造费用"等账户，贷记"应付职工薪酬"账户。　　　　　　　　　　　　　　　　　　　　　　　　　　（　　）

33. "主营业务收入"账户是反映营业收入的账户，"其他业务收入"账户是反映非营业收入的账户。　　　　　　　　　　　　　　　　　　　　　　　　（　　）

34. "其他业务收入"账户是用以核算企业确认的除主营业务活动以外的其他经营活动实现的收入。　　　　　　　　　　　　　　　　　　　　　　　　　　（　　）

35. 某企业年初未分配利润200万元，本年实现净利润1 000万元，提取法定盈余公积金100万元，提取任意盈余公积金50万元，则该企业年末可供投资人分配的利润为850万元。　　　　　　　　　　　　　　　　　　　　　　　　　　　　　　（　　）

36. 收款凭证又分为现金收款凭证和银行存款收款凭证，应分别根据现金或银行存款付出的原始凭证填制。　　　　　　　　　　　　　　　　　　　　　　　（　　）

37. 转账凭证是用来记录不涉及库存现金、银行存款收付款业务的凭证，它根据库存现金和银行存款收付以外的其他原始凭证填制。　　　　　　　　　　　　　（　　）

38. 记账凭证填制完经济业务事项后，如有空行，应当自金额栏最后一笔金额数字下的空行处至合计数上的空行处文字注销。　　　　　　　　　　　　　　　（　　）

39. 记账凭证应连续编号。一笔经济业务需要填制两张以上（含两张）记账凭证的，可以采用分数编号法编号。　　　　　　　　　　　　　　　　　　　　　（　　）

40. 本单位档案机构为方便管理会计档案，可以根据需要对其拆封重新整理。　（　　）

（四）业务题

1. 实训目的：练习对会计要素进行分类，并掌握它们之间的关系。

实训资料：江淮公司2023年11月末各项目数额如下：

（1）出纳员处存放现金1 700元。

（2）存入银行的存款2 939 300元。

（3）收到的资本金13 130 000元。

（4）三年期的借款500 000元。

（5）半年期的借款300 000元。

（6）原材料库存417 000元。

（7）生产车间正在加工的产品584 000元。

（8）产成品库存520 000元。

（9）应收外单位产品货款43 000元。

（10）应付外单位材料货款45 000元。

（11）公司办公楼价值5 700 000元。

（12）公司机器设备价值4 200 000元。

（13）公司运输设备价值530 000元。

（14）公司的资本公积金共250 000元。

（15）盈余公积金共440 000元。

（16）外欠某企业设备款200 000元。

（17）上年尚未分配的利润70 000元。

实训要求：根据上述资料对会计要素进行分类，并计算出各要素总额。

2. 实训目的：练习会计要素之间的相互关系。

实训资料：假设财东公司 2023 年 6 月 30 日资产、负债和所有者权益的状况见表 3-1。

表 3-1　资产和权益平衡表

2023 年 6 月 30 日　　　　　　　　　　　　　　　　　　　　单位：元

资产	金　额	负债及所有者权益	金　额
库存现金	300	短期借款	20 000
银行存款	100 000	应付账款	40 000
应收账款	60 000	应交税费	12 300
原材料	A	预收账款	8 000
库存商品	10 000	长期借款	B
固定资产	800 000	实收资本	500 000
无形资产	20 000	盈余公积	10 000
合计	1 040 300	合计	C

实训要求：（1）表 3-1 中应填数据 A、B、C 各是多少？

　　　　　　（2）计算该公司流动资产总额、负债总额和所有者权益总额。

3. 实训目的：分析经济业务对会计等式的影响。

实训资料：江大企业 1 月份发生如下经济业务：

（1）以银行存款支付材料款 2 000 元。

（2）购进并入库原材料 30 000 元，货款尚未支付。

（3）取得短期借款 9 000 元，存入银行。

（4）以银行存款偿还上月的原材料价款 6 000 元。

（5）从银行提取现金 8 000 元。

（6）以银行存款 50 000 购入机器设备

（7）投资人向企业投资 40 000 元存入银行。

实训要求：根据资料完成表 3-2。

表 3-2　企业的财务状况及增减变动表

单位：元

项　目	期初余额	本月增加额	本月减少额	期末余额
库存现金	1 000			
银行存款	70 000			
原材料	20 000			
固定资产	270 000			
应付账款	6 000			
短期借款	5 000			
实收资本	350 000			

4. 实训目的：熟悉各类会计科目的核算内容。

实训资料：德力斯企业的经济业务如下：

(1) 存放在银行里的款项 120 000 元。　　　　　　　　　　　　（　　　）

(2) 存放在公司的现金 2 500 元。　　　　　　　　　　　　　　（　　　）

(3) 仓库中存放的材料 160 000 元。　　　　　　　　　　　　　（　　　）

(4) 厂房 1 500 000 元。　　　　　　　　　　　　　　　　　　（　　　）

(5) 所有者投入的资本 1 000 000 元。　　　　　　　　　　　　（　　　）

(6) 向银行借入为期 4 个月的临时借款 300 000 元。　　　　　　（　　　）

(7) 仓库中存放的已完工的产品 7 000 元。　　　　　　　　　　（　　　）

(8) 设备 750 000 元。　　　　　　　　　　　　　　　　　　　（　　　）

(9) 尚待外付的款项 28 000 元。　　　　　　　　　　　　　　　（　　　）

(10) 应收外单位的款 120 000 元。　　　　　　　　　　　　　（　　　）

实训要求：判断上列各项经济业务所属的会计科目，将会计科目填入上述括号内。

5. 实训目的：掌握借贷记账法下的账户结构及账户金额指标的计算。

实训资料：风发公司 12 月 31 日有关账户的部分资料见表 3-3。

表 3-3　风发公司 12 月 31 日有关账户的部分资料

单位：元

账户名称	期初余额		本期发生额		期末余额	
	借方	贷方	借方	贷方	借方	贷方
固定资产	800 000		440 000	20 000	（　　）	
银行存款	120 000		（　　）	160 000	180 000	
应付账款		160 000	140 000	120 000		（　　）
短期借款		90 000	（　　）	20 000		60 000
应收账款	（　　）		60 000	100 000	40 000	
实收资本		700 000	0			1 240 000
其他应付款		50 000	50 000	0		（　　）

实训要求：根据账户期初余额、本期发生额和期末余额的计算方法，计算并填列表中括号内的数字。

6. 实训目的：掌握企业筹集资金业务的核算。

实训器材与用具：记账凭证。

实训资料：大地公司 2023 年 10 月份发生下列经济业务：

(1) 3 日，接受投资者张三投入企业的资本 80 000 元，款项存入银行。（记字 1 号，附件 2 张）

(2) 4 日，收到李四投资者投入的全新设备一套，投资双方确认价值为 200 000 元，相关手续已办妥。（记字 2 号，附件 1 张）

(3) 14 日，从银行取得期限为 4 个月的生产经营用借款 600 000 元，所有的借款已存入开户银行。（记字 3 号，附件 2 张）

(4) 31 日，上述借款年利率 4%，根据与银行签订的借款协议：该项借款的利息分月

支付，本月支付短期借款利息 2 000 元。（记字 4 号，附件 1 张）

（5）31 日，从银行取得期限为 2 年的借款 1 000 000 元，借款已存入开户银行。（记字 5 号，附件 2 张）

实训要求：根据上述经济业务填制记账凭证。

7. 实训目的：掌握企业材料采购业务的核算。

实训器材与用具：记账凭证。

实训资料：麦德企业 2023 年 5 月发生如下材料采购业务：

（1）4 日，企业向 Z 工厂购买甲材料，收到 Z 工厂开来的专用发票，载明数量 3 000 千克，单价 2 元，价款 6 000 元，增值税额为 780 元，价税合计 6 780 元，材料尚未到达，以银行存款支付。（记字 1 号，附件 2 张）

（2）8 日，企业根据合同规定，以银行存款 27 120 元预付达美工厂购买乙材料款。（记字 2 号，附件 2 张）

（3）10 日，收到达美工厂专用发票载明乙材料 8 000 千克，每千克 3 元，价款 24 000 元，增值税款 3 120 元，价税合计为 27 120 元，材料尚未达到。（记字 3 号，附件 1 张）

（4）15 日，企业以银行存款 550 元支付上述甲、乙两种材料的运费，以甲、乙两种材料的重量比例作为分配标准分摊运费。（记字 4 号，附件 2 张）

（5）24 日，企业以银行存款 5 260 元偿还前欠 K 工厂货款。（记字 5 号，附件 1 张）

（6）30 日，甲、乙两种材料已验收入库，结转其实际采购成本。（记字 6 号，附件 2 张）

实训要求：根据上述经济业务填制记账凭证。

8. 实训目的：掌握产品生产过程业务的核算。

实训器材与用具：记账凭证。

实训资料：大树公司 2023 年 9 月发生如下经济业务：

（1）1 日，车间管理人员报销办公费 800 元，以库存现金付讫。（记字 1 号，附件 2 张）

（2）15 日，车间领用材料一批，价值 2 400 元。（记字 2 号，附件 1 张）

（3）21 日，生产 A 产品领用材料 150 000 元，生产 B 产品领用材料 190 000 元。（记字 3 号，附件 2 张）

（4）30 日，以银行存款支付应由本月车间负担的财产保险费 500 元。（记字 4 号，附件 2 张）

（5）30 日，以银行存款支付应由本月车间水电费 16 000 元。（记字 5 号，附件 2 张）

（6）30 日，以银行存款支付应由本月车间负担的房屋租金 1 300 元。（记字 6 号，附件 2 张）

（7）30 日，从银行提现 121 600 元，以备发放工资。（记字 7 号，附件 1 张）

（8）30 日，以现金支付职工工资 121 600 元。（记字 8 号，附件 2 张）

（9）30 日，结转本月应付职工工资 121 600 元，其中，A 产品工人工资 60 000 元，B 产品工人工资 40 000 元，车间人员工资 21 600 元。（记字 9 号，附件 1 张）

（10）30 日，计提本月生产部门使用固定资产折旧费 17 000 元。（记字 10 号，附件 1 张）

（11）30 日，第二生产车间耗用材料一批，价值 2 000 元。（记字 11 号，附件 1 张）

（12）30 日，按 A、B 产品的生产工时分配结转本月制造费用，其中，A 产品生产工时 3 000 小时，B 产品生产工时 2 000 小时。（记字 12 号，附件 1 张）

（13）30 日，本月生产的 A 产品全部完工验收入库，B 产品全部未完工。结转本月完工产品的生产成本。（记字 13 号，附件 1 张）

实训要求：根据上述经济业务填制记账凭证。

9. 实训目的：掌握产品销售过程业务的核算。

实训器材与用具：记账凭证。

实训资料：祥和鸟企业 2023 年 8 月发生如下产品销售业务：

（1）6 日，企业销售给兴旺公司甲产品 15 件，每件售价 200 元，按规定计算应交增值税 390 元，价税合计 3 390 元，已收到存入银行。（记字 1 号，附件 2 张）

（2）10 日，企业销售给达达实业有限公司乙产品 60 件，每件售价为 450 元，按规定计算应交增值税 3 510 元，款项已收到存入银行。（记字 2 号，附件 2 张）

（3）24 日，企业又销售给兴旺公司甲产品 30 件，每件售价 200 元，按规定计算应交增值税 780 元，款项 6 780 元，货款及增值税款尚未收到。（记字 3 号，附件 1 张）

（4）29 日，企业以银行存款支付销售产品的广告费 1 600 元。（记字 4 号，附件 3 张）

（5）31 日，结转甲产品销售成本 4 500 元，乙产品销售成本 12 000 元。（记字 5 号，附件 2 张）

（6）31 日企业售出甲材料 12 吨，价款 12 000 元，增值税 1 560 元，价税合计 13 560 元存入银行。（记字 6 号，附件 2 张）

（7）31 日，结转出售甲材料的成本 6 000 元。（记字 7 号，附件 1 张）

实训要求：根据上述经济业务填制记账凭证。

10. 实训目的：掌握财务成果的核算。

实训器材与用具：记账凭证。

实训资料：华商企业 2023 年 11 月发生如下经济业务。

（1）1 日，销售给兰芝公司 A 产品 20 台，每台售价 700 元，B 产品 12 台，每台售价 300 元，增值税率 13%，收到兰芝公司银行转账支票。（记字 1 号，附件 2 张）

（2）3 日，销售给博美公司 A 产品 10 台，每台售价 800 元，B 产品 30 台，每台售价 200 元，增值税率 13%，货款尚未收到。（记字 2 号，附件 1 张）

（3）5 日，以银行存款支付广告推广费共 2 000 元。（记字 3 号，附件 2 张）

（4）8 日，收到罚款收入 6 000 元，存入银行。（记字 4 号，附件 2 张）

（5）15 日，销售甲材料 1 500 千克，每千克售价 60 元，增值税率 13%，款项收存银行。（记字 5 号，附件 2 张）

（6）15 日，以银行存款购买办公用品共计 1 280 元。（记字 6 号，附件 2 张）

（7）30 日，结转甲材料的销售成本，甲材料单价 30 元。（记字 7 号，附件 1 张）

（8）30 日，结转本月已销产品的生产成本，A 产品每台成本 500 元，B 产品每台成本 50 元。（记字 8 号，附件 2 张）

（9）30 日，以银行存款支付给银行本月账户管理费共 20 元。（记字 9 号，附件 1 张）

（10）30 日，结转损益类账户。（记字 10 号）

（11）30 日，按利润总额的 25% 计提所得税，假定无其他税费。（记字 11 号）

（12）30日，将"所得税费用"账户发生额结转入"本年利润"账户。（记字12号）

（13）30日，将本月实现的净利润转入"利润分配"账户。（记字13号）

（14）30日，按净利润的10%提取法定盈余公积，5%提取任意盈余公积。（记字14号）

（15）30日，按净利润的30%计提向投资者分配的利润。（记字15号）

（16）30日，结转"利润分配"的各明细账。（记字16号）

实训要求：根据上述经济业务填制记账凭证。

（五）小组讨论：案例分析题

1. 小魏从某财经大学会计系毕业，刚刚被聘为广发公司的会计员，今天是他来公司上班的第一天。会计科里的那些同事们忙得不可开交，一问才知道，大家正在忙于月末结账。"我能做些什么？"会计科长看他急于投入工作的表情，也想检验一下他的工作能力，就问："试算平衡表的编制方法在学校学过了吧？""学过。"小魏很自然地回答。

"那好吧，趁大家忙别的事情的时候，你先编一下咱们公司这个月的试算平衡表！"科长帮他找到了本公司的总账账簿，让他在早已为他准备的办公桌前开始工作。

不到一个小时，一张"总分类账户发生额及余额试算平衡表"就完整地编制出来了。看到表格上那三组相互平衡的数字，小魏激动的心情难以言表，兴冲冲地向科长交了差。

"呀，昨天销售的那批产品的单据还没记到账上去呢，这也是这个月的业务啊！"会计员李丽说道。

还没等小魏缓过神来，会计员小王手里又拿着一些会计凭证凑了过来，对科长说："这笔账我核对过了，应当记入'应交税费'和'银行存款'账户的金额是10 000元，而不是9 000元。已经入账的那部分数字还得更改一下。"

"试算平衡表不是已经平衡了吗？怎么还有错账呢？"小魏不解地问。

科长看他满脸疑惑的神情，就耐心地开导说："试算平衡表也不是万能的，像在账户中把有些业务漏记或重记了，借贷金额记账方向彼此颠倒了，还有记账方向正确但记错了账户，这些都不会影响试算表的平衡。小李发现了漏记了经济业务、小王发现的把两个账户的金额同时记少了，也不会影响试算表的平衡。"

小魏边听边点头，心里想：这些内容好像老师在上"基础会计"课的时候也讲过。以后在实践中还得好好琢磨呀。

经过调整，一张真实反映公司本月全部经济业务的试算平衡又在小魏的手里完成了。

要求：结合以上案例，运用学习过的试算平衡表的有关知识谈谈你的感受。

2. 张士达原在某事业单位任职，月薪1 500元。2023年年初辞去公职，投资100 000元（该100 000元为张士达个人从银行借入的款项，年利率4%）开办了一家公司，从事餐饮服务业务。该公司开业一年来，有关收支项目的发生情况如下：

（1）餐饮收入420 000元。

（2）出租场地的租金收入50 000元。

（3）兼营小食品零售业务收入32 000元。

（4）各种饮食品的成本260 000元。

（5）支付各种税金21 000元。

（6）支付雇员工资145 000元。

（7）购置设备支出160 000元，其中本年应负担该批设备的磨损成本40 000元。

（8）张士达的个人支出 20 000 元。

要求：确定该公司的经营成果，并运用你掌握的会计知识评价张士达的辞职是否合适。

3. 会计小刘刚刚参加了工作，利润的计算方法虽然在学校里学过，但也忘得差不多了。为了巩固学习过的知识，他根据所工作企业的本月有关收入和费用资料，对有关利润指标进行了计算。他查阅本企业的账簿，得到了如下资料：

主营业务收入	2 400 000 元	其他业务收入	60 000 元
投资收益	60 000 元	营业外支出	40 000 元
主营业务成本	1 250 000 元	其他业务成本	50 000 元
销售费用	60 000 元	管理费用	120 000 元
财务费用	9 000 元		

本公司适用的所得税税率为 25%。

根据以上资料，小刘进行了如下计算：

（1）营业利润 = 2 400 000 + 60 000 − 1 250 000 − 50 000 = 1 160 000（元）

（2）利润总额 = 1 160 000 + 60 000 − 60 000 − 120 000 − 9 000 − 40 000 = 991 000（元）

（3）所得税 = 991 000 × 25% = 247 750（元）

（4）净利润 = 991 000 − 247 750 = 743 250（元）

案例要求：

1. 小刘的计算过程存在哪些问题？你能帮助他找出来吗？

2. 如果让你来计算该公司的净利润，你会怎么做？

3. 试说明前几个步骤的计算错误为什么不影响利润总额和净利润的计算。

四、测一测：初级会计资格考试练习题

（一）单项选择题

1. 下列关于期间费用和营业成本的表述中，正确的是（　　）。

A. 期间费用源于非日常活动，营业成本源于日常活动

B. 期间费用也会影响利润，营业成本会影响利润

C. 期间费用不一定会导致经济利益的流出，营业成本会导致经济利益的流出

D. 期间费用不一定会导致所有者权益的减少，营业成本会导致所有者权益的减少

2. 以下经济业务中会引起资产与负债同时减少的是（　　）。

A. 收到投资者投入的设备一台，价值 6 万元

B. 购入材料一批，价值 2 万元，货款未付

C. 以银行存款归还以前欠货款 4 万元

D. 生产甲产品领用材料费 3 600 元

3. 西华企业 2023 年 6 月份资产增加 400 万元，负债减少 250 万元，则该企业的所有者权益为（　　）万元，假设不考虑其他因素。

A. 增加 150　　　　B. 增加 650　　　　C. 增加 400　　　　D. 增加 250

4. 下列经济业务中，只能引起同一会计要素内部一增一减的是（　　）。

A. 取得借款 1 000 元存入银行　　　　B. 用银行存款 800 元归还前欠货款

C. 用银行存款 700 元购买材料　　　　D. 赊购原材料 6 300 元

5. 以下是企业的流动资产的是（　　　　）。

A. 存货　　　　　　　B. 厂房　　　　　　　C. 机器设备　　　　　　D. 专利权

6. 从数量上看，企业有一定数额的资产，就必然会有一定数额的（　　　　）。

A. 所有者权益　　　　B. 支出　　　　　　　C. 负债　　　　　　　　D. 权益

7. 南华公司 6 月月初权益总额为 800 万元，6 月发生如下业务：①向银行借入资金 150 万元，存入银行；②购买材料共 65 万元，以银行存款支付；③购买材料共 85 万元，货款未付。期末，该企业资产总额为（　　　　）万元。

A. 1 100　　　　　　　B. 1 035　　　　　　　C. 1 015　　　　　　　D. 950

8. 某银行将短期借款转为对本公司的投资，这项经济业务将引起本公司（　　　　）。

A. 资产减少、所有者权益增加　　　　　　　B. 负债减少，资产增加

C. 负债减少，所有者权益增加　　　　　　　D. 负债增加、所有者权益减少

9. 流动资产指可以在（　　　　）变现的资产。

A. 一定会计期间内　　　　　　　　　　　　B. 一个营业周期内

C. 1 年内　　　　　　　　　　　　　　　　D. 1 年内或超过 1 年的一个营业周期内

10. 资产、负债和所有者权益会计要素是（　　　　）。

A. 反映财务状况的会计要素　　　　　　　　B. 资金运动的动态表现

C. 资金的形成来源　　　　　　　　　　　　D. 资金的存在形态

11. 下列各项中，不属于资产类账户的是（　　　　）。

A. 应收票据　　　　　B. 预收账款　　　　　C. 应收账款　　　　　　D. 固定资产

12. 某企业资产总额 650 万元，负债为 170 万元，在以银行存款 180 万元发放工资，并以银行存款 140 万元购进原材料后，资产总额为（　　　　）万元。

A. 330　　　　　　　　B. 220　　　　　　　　C. 370　　　　　　　　　D. 470

13. 下列各项中，"销售费用"账户所属类别为（　　　　）。

A. 共同类　　　　　　B. 所有者权益类　　　C. 损益类　　　　　　　D. 负债类

14. 账户的左方和右方，哪一方登记增加，哪一方登记减少，取决于（　　　　）。

A. 所记录的经济业务以及账户的性质　　　　B. 所记录金额的大小

C. 所记录经济业务的重要程度　　　　　　　D. 开设账户时间的长短

15. 企业收到所有者投入的资本金，应记入（　　　　）科目。

A. 实收资本　　　　　B. 长期股权投资　　　C. 资本公积　　　　　　D. 利润分配

16. 多勒公司"库存现金"科目的期初余额为 8 650 元，当月购买办公用品支付库存现金 960 元，企业业务人员出差共借出库存现金 7 200 元，到银行提取库存现金共计 10 800 元，则该企业"库存现金"科目的期末余额应为（　　　　）元。

A. 11 290　　　　　　B. 10 888　　　　　　C. 13 250　　　　　　　D. 11 240

17. 根据资产与权益的恒等关系以及借贷记账法的记账规则，检查所有科目记录是否正确的过程称为（　　　　）。

A. 对账　　　　　　　B. 查账　　　　　　　C. 试算平衡　　　　　　D. 复式记账

18. 龙华公司"应付账款"账户期末贷方余额为 100 000 元，本期共增加 60 000 元，减少 80 000 元，则该账户的期初余额为（　　　　）元。

A. 借方 40 000　　　　　　　　　　　　　　B. 贷方 40 000

C. 借方 120 000   D. 贷方 120 000

19. 某企业"库存商品"账户的期初借方余额为 5 000 元，本期贷方发生额为 12 000 元。期末借方余额为 8 400 元，则本期借方发生额为（　　　）。

    A. 8 800 元   B. 15 400 元   C. 1 400 元   D. 14 500 元

20. "预收账款"账户的期初余额为借方 5 000 元，本期借方发生额 3 000 元，贷方发生额 9 000 元，则本期期末余额为（　　　）元。

    A. 借方 11 000   B. 贷方 11 000   C. 贷方 1 000   D. 借方 1 000

21. "本年利润"账户的借方余额表示（　　　）。

    A. 收入总额   B. 本年累计发生的亏损总额

    C. 费用总额   D. 本年累计取得的利润总额

22. 某企业 2023 年 10 月 1 日，"本年利润"账户的期初贷方余额为 20 万元，表明（　　　）。

    A. 该企业 2023 年 12 月份的净利润为 20 万元

    B. 该企业 2023 年 9 月份的净利润为 20 万元

    C. 该企业 2023 年 1—9 月份的净利润为 20 万元

    D. 该企业 2023 年全年的净利润为 20 万元

23. 某企业以银行存款支付合同违约金 4 500 元，应借记（　　　）科目。

    A. 其他业务成本   B. 销售费用   C. 管理费用   D. 营业外支出

24. 2022 年 8 月 5 日，仓库发出 A 材料 1 000 千克，单价 5 元/千克，共计 5 000 元，用于生产甲产品，该项经济业务编制的会计分录为（　　　）。

    A. 借：销售费用   5 000

           贷：原材料   5 000

    B. 借：管理费用   5 000

           贷：原材料   5 000

    C. 借：制造费用   5 000

           贷：原材料   5 000

    D. 借：生产成本   5 000

           贷：原材料   5 000

25. 关于会计凭证的保管，下列说法中不正确的是（　　　）。

    A. 原始凭证不得外借，其他单位如有特殊原因确实需要使用时，经本单位会计机构负责人、会计主管人员批准，可以复印

    B. 会计主管人员和保管人员应在封面上签章

    C. 会计凭证应定期装订成册，防止散失

    D. 经单位领导批准，会计凭证在保管期满前可以销毁

(二) 多项选择题

1. 以下选项中，能反映企业财务状况的会计要素有（　　　）。

    A. 资产   B. 收入   C. 所有者权益   D. 利润

2. 属于所有者权益的是（　　　）。

    A. 盈余公积   B. 未分配利润   C. 资本公积   D. 所得税费用

3. 以下选项中，能影响利润的因素有（　　　）。

A. 资产　　　　　　　　B. 负债　　　　　　　　C. 收入　　　　　　　　D. 费用

4. 下列关于会计等式"收入－费用＝利润"的表述中，正确的有（　　　）。

A. 它是对会计基本等式的补充和发展，称为第二会计等式

B. 它实际上反映的是企业资金运动的绝对运动形式，故也称为静态会计等式

C. 它说明了企业利润的实现过程

D. 它表明了企业在一定会计期间经营成果与相应的收入和费用之间的关系

5. 以下选项中，属于损益类科目的有（　　　）。

A. 主营业务收入　　　　　　　　　　　　B. 投资收益

C. 其他业务成本　　　　　　　　　　　　D. 所得税费用

6. 账户中的各项金额包括（　　　）。

A. 本期增加额　　　　　　　　　　　　　B. 本期减少额

C. 期初余额　　　　　　　　　　　　　　D. 期末余额

7. 关于借贷记账法下的账户结构，下列说法中正确的有（　　　）。

A. 权益类账户的期初和期末余额一般在贷方

B. 资产类账户的借方表示增加，贷方表示减少

C. 权益类账户的贷方表示增加，借方表示减少

D. 资产类账户的期初和期末余额一般在借方

8. 在以下情况下，不会影响试算平衡表平衡的是（　　　）。

A. 某一账户的金额记错　　　　　　　　　B. 整笔经济业务漏记

C. 整笔经济业务重记　　　　　　　　　　D. 少记某账户发生额

9. 以下选项中，年度终了需要转入"利润分配——未分配利润"科目的有（　　　）。

A. "利润分配——提取法定盈余公积"　　B. "本年利润"

C. "利润分配——应付现金股利"　　　　　D. "利润分配——盈余公积补亏"

10. 下列各项中，"收入"会计要素特征描述正确的有（　　　）。

A. 收入是企业在日常活动中形成的

B. 收入是与所有者投入资本无关的经济利益的总流入

C. 收入会导致所有者权益的增加

D. 经济利益的流入能够可靠计量

11. A公司收到王明投入专利权50万元，下列正确的是（　　　）。

A. 借记"无形资产"50万元　　　　　　　B. 贷记"实收资本"50万元

C. 贷记"固定资产"50万元　　　　　　　D. 借记"资本公积"50万元

12. "库存商品"科目用于核算各种商品的收发和使用情况，该科目（　　　）。

A. 期末余额在借方，反映企业各种库存商品的实际成本或计划成本

B. 借方登记验收入库的库存商品成本

C. 贷方登记发出的库存商品成本

D. 期末余额在贷方，反映企业多发出库存商品实际成本或计划成本

13. 下列有关"主营业务收入"账户的说法正确的有（　　　）。

A. 其借方登记期末结转到本年利润的数额

B. 账户期末结转后无余额

C. 其贷方登记销售商品带来的经济利益的流入数额

D. 期末结转后余额在贷方

14. 下列各项中，属于记账凭证基本要素的有（　　　）。

A. 记账凭证的名称　　　　　　　　　　B. 记账凭证的编号

C. 单式记账凭证　　　　　　　　　　　D. 复式记账凭证

15. 以下选项中，属于收款凭证记录内容的有（　　　）。

A. 库存现金收入业务　　　　　　　　　B. 收益增加业务

C. 银行存款收入业务　　　　　　　　　D. 材料收入业务

（三）判断题

1. 资产必须是企业控制的且能够给企业带来经济利益流入的经济资源。（　　　）

2. 负债是企业过去交易或事项形成的，预期会导致企业经济利益流出企业的未来义务。（　　　）

3. 按照我国企业会计准则，负债不仅包括现时已经存在的债务责任，还包括将来可能形成的债务责任。（　　　）

4. 费用和成本是同一个概念。（　　　）

5. 所有者权益的确认与计量主要依赖于其他会计要素，尤其是资产和负债的确认与计量。（　　　）

6. 权益是所有者权益的简称。（　　　）

7. 利润是指企业某一时点的经营成果。（　　　）

8. 会计恒等式是指"有借必有贷，借贷必相等"。（　　　）

9. "资产＝负债＋所有者权益"这个会计恒等式是资金运动的动态表现。（　　　）

10. 无论发生任何经济业务，都不会破坏"资产＝负债＋所有者权益"这一会计恒等式的平衡关系，也不会引起等式两边金额的变化。（　　　）

11. 企业接受投资者投入实物，会引起该企业的资产和所有者权益同时增加。（　　　）

12. 企业向银行取得一笔短期借款并存入银行，会引起该企业的资产和负债同时增加。（　　　）

13. 企业行政管理部门领用材料 3 000 元，这 3 000 元的材料费应确认为企业的管理费用。（　　　）

14. 总分类科目又称为总账科目或一级科目，明细分类科目又称为明细科目或二级科目。（　　　）

15. 应付账款和预付账款都属于负债类科目。（　　　）

16. 损益类账户的记录方向完全一致。（　　　）

17. 试算平衡时表明账户记录或计算一定无误。（　　　）

18. 大千公司银行存款期初借方余额为 10 万元，本期借方发生额为 5 万元，本期贷方发生额为 3 万元，则期末借方余额为 12 万元。（　　　）

19. 如果负债类科目的期初余额为 5 万元，本期增加发生额为 8 万元，本期减少发生额为 4 万元，则期末余额为 9 万元。（　　　）

20. 借贷记账法中的"借"表示债权、"贷"表示债务。（　　　）

21. 记账时，如果将借贷方向记错，借贷双方的平衡关系是不会影响的。（　　　）

22. 通过试算平衡法，可以检查出记账时出现的重记、漏记整笔业务或者对应账户的同方向串户等失误。　　　　　　　　　　　　　　　　　　　　　　　　　　　　（　　）

23. 企业计提短期借款利息时，应记入"财务费用"账户的借方，"应付利息"账户的贷方。　　　　　　　　　　　　　　　　　　　　　　　　　　　　　　　　　　（　　）

24. 某单位因违反合同的规定支付给甲企业50万元违约金，则甲企业应将其作为营业收入确认。　　　　　　　　　　　　　　　　　　　　　　　　　　　　　　　　（　　）

25. 原始凭证原则上不得外借，其他单位若有特殊原因确实需要使用时，可经本单位会计机构负责人、会计主管人员批准，可以外借。　　　　　　　　　　　　　　　（　　）

汇总经济业务，
掌握登记账簿的方法

一、实训目标：实训目的与要求

通过实训，使学生进一步理解会计账簿的作用、分类及登记账簿的规则，掌握日记账、总分类账、明细分类账的登记方法以及平行登记的方法，培养学生耐心、细致、一丝不苟的工匠精神；使学生掌握错账的更正方法，引导学生接受挫折教育，具有勇于发现和改正错误的态度，同时严格遵守会计准则，培养严谨的工作作风；使学生掌握月末结账的程序，做到普遍性与特殊性相结合，为单位选择合适的财务处理程序。

二、实训准备：实训器材与用具

记账凭证、三栏式明细账账页、多栏式明细账账页、数量金额式明细账账页、总账账页、日记账账页、黑色水笔、红色水笔、直尺。

三、练一练：实训练习题

(一) 单项选择题

1. 登记账簿的依据是（   ）。

A. 经济合同　　　　　B. 会计分录　　　　　C. 记账凭证　　　　　D. 有关文件

2. 活页账一般适用于（   ）。

A. 总分类账　　　　　　　　　　　　B. 库存现金日记账和银行存款日记账

C. 固定资产明细账　　　　　　　　　D. 明细分类账

3. 订本账主要不适用于（   ）。

A. 特种日记账　　　B. 普通日记账　　　C. 总分类账　　　D. 明细分类账

4. 库存现金日记账（   ）结出发生额和余额，并与结存现金核对。

A. 每月　　　　　B. 每15天　　　　　C. 每隔3~5天　　　　　D. 每日

5. 专门记载某一类经济业务的序时账簿称为（   ）。

A. 明细账　　　　　B. 日记账　　　　　C. 总账　　　　　D. 分录簿

6. 银行存款日记账由（   ）根据审核无误的银行存款收付款凭证和有关的现金付款

凭证逐日逐笔顺序登记。

A. 会计主管人员　　　B. 稽核人员　　　C. 出纳人员　　　D. 记账人员

7. 从银行提取库存现金，登记库存现金日记账的依据是（　　　）。

A. 库存现金收款凭证　　　　　　　B. 银行存款付款凭证

C. 银行存款收款凭证　　　　　　　D. 备查账

8. 多栏式明细账一般适用于（　　　）。

A. 收入费用类账户　　　　　　　　B. 所有者权益类账户

C. 资产类账户　　　　　　　　　　D. 负债类账户

9. 制造费用明细账一般采用（　　　）明细账。

A. 三栏式　　　B. 多栏式　　　C. 数量金额式　　　D. 任意格式

10. 原材料等财产物资明细账一般适用（　　　）明细账。

A. 数量金额式　　　B. 多栏式　　　C. 三栏式　　　D. 任意格式

11. 应收账款明细账的账页格式一般采用（　　　）。

A. 三栏式　　　　　　　　　　　　B. 数量金额式

C. 多栏式　　　　　　　　　　　　D. 任意一种明细账格式

12. 固定资产明细账的外表形式可以采用（　　　）。

A. 订本式账簿　　　　　　　　　　B. 卡片式账簿

C. 活页式账簿　　　　　　　　　　D. 多栏式明细分类账

13. "实收资本"明细账的账页格式可以采用（　　　）。

A. 三栏式　　　B. 活页式　　　C. 数量金额式　　　D. 卡片式

14. 一般情况下，不需要根据记账凭证登记的账簿是（　　　）。

A. 总分类账　　　B. 明细分类账　　　C. 日记账　　　D. 备查账

15. 现金和银行存款日记账，根据有关凭证（　　　）。

A. 逐日逐笔登记　　　　　　　　　B. 逐日汇总登记

C. 定期汇总登记　　　　　　　　　D. 一次汇总登记

16. 下列账户中的明细账采用三栏式账页的是（　　　）。

A. 管理费用　　　B. 销售费用　　　C. 库存商品　　　D. 应收账款

17. 下列做法错误的是（　　　）。

A. 库存现金日记账采用三栏式账簿　　　B. 库存商品明细账采用数量金额式账簿

C. 生产成本明细账采用三栏式账簿　　　D. 制造费用明细账采用多栏式账簿

18. 总账和明细账之间进行平行登记的原因是总账与明细账（　　　）。

A. 格式相同　　　　　　　　　　　B. 登记时间相同

C. 反映经济业务的内容相同　　　　D. 提供指标详细程度相同

19. 对债权债务往来款项的清查方法是（　　　）。

A. 实地盘点法　　　B. 技术推算法　　　C. 发函询证　　　D. 抽样盘点法

20. 财产清查的对象一般不包括（　　　）。

A. 货币资金　　　B. 财产物资　　　C. 无形资产　　　D. 债权债务

21. 财产清查发现存货的盘盈，查明原因是计量差错，经领导批准应贷记的会计科目是（　　　）。

A. 待处理财产损溢　　B. 管理费用　　　　C. 其他业务收入　　　D. 营业外收入

22. 在盘点库存原材料时，发现账面数大于实存数，查明为计量差错所致。经批准后，会计人员应列作（　　）处理。

A. 增加营业外收入　　B. 增加管理费用　　　C. 减少管理费用　　　D. 增加营业外支出

23. 清查中财产盘亏是保管人员失职所致，应记入（　　）。

A. 管理费用　　　　　B. 其他应收款　　　　C. 营业外支出　　　　D. 生产成本

24. 在财产清查中发现库存材料实存数小于账面数，为自然损耗所致，经批准后，会计人员应列作（　　）处理。

A. 增加营业外收入　　　　　　　　B. 增加管理费用

C. 减少管理费用　　　　　　　　　D. 增加营业外支出

25. 某单位在对现金进行盘点时，发现现金盘亏 100 元，经领导批示决定由出纳来承担损失，应该计入（　　）。

A. 管理费用　　　　　B. 其他应收款　　　　C. 其他应付款　　　　D. 营业外支出

26. 若记账凭证上的会计科目和应借应贷方向未错，但所记金额大于应记金额，并据以登记入账，应采用的更正方法是（　　）。

A. 划线更正法　　　　　　　　　　B. 红字更正法

C. 补充登记法　　　　　　　　　　D. 编制相反分录冲减

27. 会计人员对账时发现有一张记账凭证登记入账时误将 530 元写成 5 300 元，而记账凭证无误，应采用的更正方法是（　　）。

A. 补充登记法　　　　B. 划线更正法　　　　C. 红字更正法　　　D. 蓝字更正法

28. 记账以后，如果发现记账凭证上应借、应贷的会计科目并无错误，只是金额有错误，且所错记的金额小于应记的正确金额，应采用的更正方法是（　　）。

A. 划线更正法　　　　B. 红字更正法　　　　C. 补充登记法　　　D. 横线登记法

29. 新年度开始启用新账时，可以继续使用不必更换新账的是（　　）。

A. 总分类账　　　　　　　　　　　B. 银行存款日记账

C. 固定资产卡片　　　　　　　　　D. 管理费用明细账

30. 以下不符合账簿平时管理的具体要求的是（　　）。

A. 各种账簿应分工明确，指定专人管理

B. 会计账簿只允许在财务室内随意翻阅查看

C. 会计账簿除需要与外单位核对外，一般不能携带外出

D. 账簿不能随意交与其他人员管理

(二) 多项选择题

1. 下列属于序时账的有（　　）。

A. 管理费用明细账　　　　　　　　B. 银行存款日记账

C. 明细分类账　　　　　　　　　　D. 库存现金日记账

2. 下列明细账中可以采用三栏式账页的有（　　）。

A. 应收账款明细账　　　　　　　　B. 原材料明细账

C. 生产成本明细账　　　　　　　　D. 库存现金日记账

3. 关于账簿的使用，下列说法正确的是（   ）。

A. 订本账预留太多则导致浪费，预留太少则影响连续登记

B. 活页账登账方便，可以根据业务多少添加，因此收付款业务多的单位的库存现金日记账和银行存款日记账可以采用此种格式

C. 日记账一般采用订本式账簿

D. 总分类账一般使用订本账

4. 账簿按其外表形式分，可以分为（   ）。

A. 三栏式   B. 订本式   C. 卡片式   D. 活页式

5. 下列适用多栏式明细账的是（   ）。

A. 生产成本   B. 制造费用   C. 材料采购   D. 应付账款

6. 会计账簿按其用途的不同，可以分为（   ）。

A. 序时账簿   B. 分类账簿

C. 备查账簿   D. 数量金额式账簿

7. 必须采用订本式账簿的是（   ）。

A. 库存现金日记账   B. 固定资产明细账

C. 银行存款日记账   D. 管理费用总账

8. 会计账簿按账页格式的不同，可以分为（   ）。

A. 两栏式账簿   B. 多栏式账簿

C. 三栏式账簿   D. 数量金额式账簿

9. 总分类账一般采用（   ）。

A. 订本式   B. 活页式   C. 三栏式   D. 多栏式

10. 在会计账簿扉页上填列的内容包括（   ）。

A. 账簿名称   B. 接管日期   C. 启用日期   D. 记账人员

11. 登记明细分类账的依据可以是（   ）。

A. 原始凭证   B. 汇总原始凭证   C. 记账凭证   D. 经济合同

12. 登记库存现金日记账收入栏的依据有（   ）。

A. 累计凭证   B. 现金收款凭证

C. 转账凭证   D. 银行存款付款凭证

13. 库存现金日记账和银行存款日记账的登记要求主要包括（   ）。

A. 由出纳人员负责登记   B. 以审核无误的收付款凭证为依据

C. 必须逐日结出收入合计和支出合计   D. 必须逐日逐笔登记

14. 登记银行存款日记账收入栏的依据有（   ）。

A. 银行存款收款凭证   B. 现金付款凭证

C. 转账凭证   D. 累计凭证

15. 下列应设置备查账簿登记的事项有（   ）。

A. 固定资产卡片   B. 本单位已采购的材料

C. 临时租入的固定资产   D. 本单位受托加工材料

16. 会计账簿登记规则包括（   ）。

A. 记账必须有依据   B. 按页次顺序连续记

C. 账簿记载的内容应与记账凭证一致　　　D. 结清余额

17. 以下属于备查账簿的有（　　）。

A. 租入固定资产登记簿　　　　　　　　　B. 代销商品登记簿

C. 受托加工材料登记簿　　　　　　　　　D. 材料采购明细账

18. 科目汇总表账务处理程序的优点有（　　）。

A. 总账详细反映经济业务的发生情况　　　B. 可以做到试算平衡

C. 便于了解账户之间的对应关系　　　　　D. 减轻登记总账的工作量

19. 下列错误中，不可以通过试算平衡发现的有（　　）。

A. 借方发生额大于贷方发生额　　　　　　B. 应借应贷科目颠倒

C. 借方余额小于贷方余额　　　　　　　　D. 漏记一项经济业务

20. 会计账簿中，下列（　　）可以用红色墨水记账。

A. 按照红字冲账的记账凭证，冲销错误记录

B. 在不设借贷等栏的多栏式账页中，登记减少数

C. 在三栏式账户的余额栏前，如未印明余额方向（如借或贷），在余额栏内登记负数余额

D. 会计制度中规定可以用红字登记的其他会计记录

21. 下列对账工作中，属于账账核对的有（　　）。

A. 银行存款日记账与银行对账单的核对

B. 总账账户与所属明细账户的核对

C. 应收款项明细账与债务人账项的核对

D. 会计部门的财产物资明细账与财产物资保管、使用部门明细账的核对

22. 下列各项中，属于财产清查内容的有（　　）。

A. 应收、应付款项　　　B. 财产物资　　　　　C. 货币资金　　　　D. 对外投资

23. 下列关于财产全面清查特点的表述中，正确的有（　　）。

A. 清查的范围广　　　　　　　　　　　　B. 清查的内容多

C. 清查的时间长　　　　　　　　　　　　D. 清查的花费大

24. 下列关于银行存款清查的表述中，正确的有（　　）。

A. 通过与开户银行转来的对账单进行核对，查明银行存款的实有数额

B. 在核对之前，出纳人员应详细检查银行存款日记账的登记有无差错，经济业务是否记录完整，余额计算是否正确

C. 银行存款日记账与银行对账单即使都计算记录正确，也可能出现二者余额不一致的情况

D. 对于发生的未达账项，只有等有关凭证到达后，才能进行有关账务处理

25. 对账的内容包括（　　）。

A. 账证核对　　　　　B. 账表核对　　　　　C. 账实核对　　　　D. 账账核对

26. 现金 3 200 元存入银行，记账凭证中误将金额填为 32 000 元，并已登账，错账的更正方法错误的是（　　）。

A. 用划线更正法更正

B. 用蓝字借记"银行存款"账户 3 200 元，贷记"库存现金"账户 3 200 元

C. 用红字借记"库存现金"账户 32 000 元，贷记"银行存款"账户 32 000 元

D. 用红字借记"银行存款"账户 28 800 元，贷记"库存现金"账户 28 800 元

27. 会计上允许的错账更正的方法有（　　）。

A. 划线更正法　　　　B. 红字更正法　　　　C. 补充登记法　　　　D. 涂改液修正法

28. 可用于更正因记账凭证错误而导致账簿登记错误的错账更正方法有（　　）。

A. 划线更正法　　　　B. 红字更正法　　　　C. 补充登记法　　　　D. 顺查法

29. 下列关于会计账簿的更换和保管正确的是（　　）。

A. 总账、日记账和多数明细账每年更换一次

B. 变动较小的明细账可以连续使用，不必每年更换

C. 备查账不可以连续使用

D. 总账、日记账不用每年更换

30. 年度结束后，对于账簿的保管应该做到（　　）。

A. 装订成册　　　　　B. 加上封面　　　　　C. 统一编号　　　　　D. 归档保管

（三）判断题

1. 库存现金日记账和银行存款日记账的外表形式必须采用订本式账簿。（　　）

2. 账簿按其用途不同，可分为订本式账簿、活页式账簿和卡片式账簿。（　　）

3. 会计账簿是连接会计凭证与会计报表的中间环节，在会计核算中具有承前启后的作用，是编制会计报表的基础。（　　）

4. 任何单位都必须设置总分类账。（　　）

5. 所有总分类账的外表形式都必须采用订本式。（　　）

6. 启用订本式账簿，除在账簿扉页填列"账簿启用和经管人员一览表"外，还要从第一页到最后一页顺序编写页数，不得跳页、缺号。（　　）

7. 多栏式明细账一般适用于资产类账户。（　　）

8. 采用普通日记账时，可根据经济业务直接登记，然后再将普通日记账过入分类账。因此，设置普通日记账时一般可不再填制记账凭证。（　　）

9. 为了保证库存现金日记账的安全和完整，库存现金日记账无论采用三栏式还是多栏式，外表形式都必须使用订本账。（　　）

10. 我国每个会计主体都采用普通日记账登记每日库存现金和银行存款的收付。（　　）

11. 三栏式账簿是指具有日期、摘要、金额三个栏目格式的账簿。（　　）

12. 明细账应该使用活页账簿，以便于根据实际需要，随时添加空白账页。（　　）

13. 各账户在一张账页记满时，应在该账页最后一行结出余额，并在"摘要"栏注明"转次页"字样。（　　）

14. 登记账簿时，发生的空行、空页一定要补充书写，不得注销。（　　）

15. 出纳应在库存现金日记账每笔业务登记完毕，即结出余额，并与库存现金进行核对。（　　）

16. 账簿中书写的文字和数字上面要留有适当空距，一般应占格距的二分之一，以便于发现错误时进行修改。（　　）

17. 无论是分类账簿还是序时账簿，都需要以记账凭证作为记账依据。（　　）

18. 对应付账款应采用发函询证法进行清查。（　　）

19. 在 X 企业因财务状况的恶化，濒临破产之际，Y 企业因 X 企业拥有良好的客户资源，决定对其注资，Y 企业在注资前要求对 X 企业进行全面清查。　　（　　）

20. 财产定期清查和不定期清查对象的范围均既可以是全面清查，也可以是局部清查。　　（　　）

21. 当原材料、产成品、现金发生盘盈时，经报批后冲减"管理费用"或增加"营业外收入"。　　（　　）

22. 财产局部清查可以是定期清查，也可以是不定期清查。　　（　　）

23. 记账以后，发现记账凭证中应借应贷科目错误，应采用红字更正法更正。　（　　）

24. 记账以后，发现记账凭证和账簿记录中应借应贷的会计科目无误，只是金额有错误，且所错记的金额小于应记的正确金额，可采用红字更正法更正。　　（　　）

25. 由于记账凭证错误而造成的账簿记录错误，可采用划线更正法进行更正。（　　）

26. 采用划线更正法时，只要将账页中个别错误数码划上红线，再填上正确数码即可。　　（　　）

27. 记账凭证中会计账户、记账方向正确，但所记金额大于应记金额而导致账簿登记金额增加的情况，可采用补充登记法进行更正。　　（　　）

28. 补充登记法就是把原来未登记完的业务登记完毕的方法。　　（　　）

29. 已归档的会计账簿原则上不得借出，有特殊需要的，经批准后可以提供复印件。　　（　　）

30. 为保持账簿记录的持久性，防止涂改，记账时必须使用蓝黑墨水或碳素墨水，并用钢笔书写，不得使用铅笔或圆珠笔书写。　　（　　）

（四）业务题

1. 实训目的：练习三栏式库存现金日记账和银行存款日记账的登记方法。

实训器材与用具：记账凭证、库存现金日记账账页和银行存款日记账账页。

实训资料：南昌八一工厂 2023 年 7 月 31 日银行存款日记账余额为 30 000 元，库存现金日记账余额为 3 000 元。8 月发生下列银行存款和现金收付业务：

（1）1 日，丽达公司投入资金 25 000 元，银行存款增加。（记字 10 号，附件 2 张）

（2）2 日，以银行存款 10 000 元归还短期借款。（记字 11 号，附件 2 张）

（3）5 日，以银行存款 20 000 元偿付应付账款。（记字 12 号，附件 2 张）

（4）8 日，以现金 1 000 元存入银行。（记字 13 号，附件 2 张）

（5）8 日，用现金暂付职工差旅费 800 元。（记字 14 号，附件 2 张）

（6）10 日，从银行提取现金 2 000 元备用。（记字 16 号，附件 2 张）

（7）13 日，收到应收账款 50 000 元，存入银行。（记字 17 号，附件 2 张）

（8）15 日，以银行存款 40 000 元支付购买材料款（不考虑增值税），材料尚未运到。（记字 18 号，附件 2 张）

（9）17 日，以银行存款 1 000 元支付上述材料运费，材料验收入库。（记字 19 号，附件 2 张）

（10）20 日，从银行提取现金 18 000 元，准备发放工资。（记字 21 号，附件 2 张）

（11）24 日，用现金 18 000 元发放职工工资。（记字 22 号，附件 2 张）

（12）25 日，以银行存款支付本月车间电费 1 800 元。（记字 23 号，附件 3 张）

（13）27 日，销售产品一批（不考虑增值税），收到货款 51 750 元，存入银行。（记字 24 号，附件 2 张）

（14）29 日，用银行存款支付销售费用 410 元。（记字 26 号，附件 3 张）

（15）30 日，用银行存款上交增值税 3 500 元。（记字 27 号，附件 2 张）

实训要求：（1）根据上述业务编制记账凭证。

（2）登记库存现金日记账和银行存款日记账，登记并结出发生额和余额。

2. 实训目的：练习三栏式明细账的登记。

实训器材与用具：记账凭证、三栏式明细账账页。

实训资料：某公司 2023 年 11 月初应收账款总分类账余额是借方 18 000 元，其中亨氏企业借方 10 000 元，邦正企业借方 8 000 元，11 月与应收账款相关经济业务如下：

（1）5 日，收到亨氏企业归还货款 10 000 元，款项已存入银行。（记字 11 号，附件 2 张）

（2）10 日，销售给邦正企业产品一批，价款 30 000 元，税额 3 900 元，款项未收。（记字 15 号，附件 2 张）

（3）15 日，销售给亨氏企业产品一批，价款 20 000 元，税额 2 600 元，款项未收。（记字 17 号，附件 2 张）

（4）18 日，收到邦正企业归还货款 8 000 元，款项已存入银行。（记字 20 号，附件 2 张）。

（5）22 日，收到亨氏企业归还货款 22 600 元，款项已存入银行。（记字 25 号，附件 2 张）。

（6）30 日，销售给亨氏企业产品一批，价款 10 000 元，税额 1 300 元，款项未收。（记字 30 号，附件 2 张）

实训要求：（1）根据上述业务编制记账凭证。

（2）登记应收账款明细账。

（3）进行月末结账。

3. 实训目的：练习多栏式明细账的登记。

实训器材与用具：记账凭证、多栏式明细账账页。

实训资料：某公司 2023 年 9 月份的与销售费用有关的经济业务如下：

（1）2 日，用银行存款支付给广告公司 20 000 元的广告费。（记字 5 号，附件 3 张）

（2）10 日，用银行存款支付销售部门订阅报纸杂志的费用 1 000 元。（记字 15 号，附件 3 张）

（3）15 日，用银行存款支付销售部门的电话费 1 200 元。（记字 20 号，附件 2 张）

（4）18 日，销售部门专用车辆产生油费 500 元，用现金支付。（记字 22 号，附件 1 张）

（5）20 日，销售部门对外招待客户，产生餐费 1 000 元，现金支付。（记字 25 号，附件 1 张）

（6）31 日，销售部门发生水电费 2 560 元，用银行存款支付。（记字 27 号，附件 3 张）

（7）31 日，计算销售部门人员工资，共 15 000 元。（记字 28 号，附件 1 张）

实训要求：（1）根据上述业务编制记账凭证。

（2）登记销售费用明细账。

4. 实训目的：练习总分类账以及数量金额式明细分类账的登记。

实训器材与用具：记账凭证、总账账页、数量金额式明细账账页。

实训资料：某企业生产 A 、B 两种产品，2023 年 9 月初库存商品的期初结存情况如下：A 产品结存 8 000 件，单位成本 30 元；B 产品结存 10 000 件，单位成本 80 元。2023 年 9 月与销售产品有关的经济业务情况如下。

（1）5 日，销售 A 产品 3 000 件，产品的成本每件 30 元。（记字 10 号，附件 2 张）

（2）7 日，销售 B 产品 5 000 件，产品的成本每件 80 元。（记字 15 号，附件 2 张）

（3）15 日，生产车间完工 A 产品 2 000 件，完工 B 产品 3 000 件，单位成本分别为 30 元和 80 元。（记字 20 号，附件 2 张）

（4）26 日，销售 B 产品 1 000 件，产品的成本每件 80 元。（记字 25 号，附件 2 张）

（5）30 日，销售 A 产品 1 500 件，单位成本 30 元。（记字 28 号，附件 2 张）

实训要求：（1）请根据上述业务编制结转成本的记账凭证。

　　　　　（2）登记库存商品的总账和明细账。

　　　　　（3）结出月末余额。

5. 实训目的：练习应付账款总账和明细账的平行登记。

实训器材与用具：记账凭证、三栏式明细账账页、总账账页。

实训资料：某企业 2023 年 8 月初应付账款总分类账余额是贷方 20 000 元，其中欠建威企业 15 000 元、民胜企业 5 000 元，该企业八月份发生的与应付账款相关的经济业务如下。

（1）4 日，向建威企业购入甲材料 1 000 千克，单价 10 元，价款 10 000 元，增值税额 1 300元；购入乙材料 2 000 千克，单价 9 元，价款 18 000 元，增值税额 2 340 元。货物已验收入库，款项 31 640 元尚未支付。（记字 12 号，附件 4 张）

（2）8 日，向民胜企业购入甲材料 2 000 千克，单价 10 元，价款 20 000 元，税额 2 600 元，货物已验收入库，款项尚未支付。（记字 18 号，附件 2 张）

（3）23 日，向建威企业偿还前欠货款 20 000 元，向民胜企业偿还前欠货款 10 000 元，开出转账支票。（记字 22 号，附件 4 张）

（4）26 日，向建威企业购入乙材料 1 600 千克，单价 9 元，价款 14 400 元，税额 1 872 元，款项尚未支付，货物同时验收入库。（记字 28 号，附件 2 张）

实训要求：（1）根据上述业务编制记账凭证。

　　　　　（2）登记应付账款的总分类账和明细账。

6. 实训目的：练习银行存款余额调节表的编制。

实训器材与用具：银行存款余额调节表。

实训资料：某企业 2023 年 10 月“银行存款日记账”的记录情况如下。

银行存款日记账 10 月 31 日余额为 398 170 元。

（1）5 日，以银行存款 30 000 元支付购买设备款。

（2）7 日，销售产品货款 35 100 元存入银行。

（3）10 日，用银行存款 81 190 元支付购买材料款。

（4）16 日，用银行存款交纳税金 35 000 元。

（5）20 日，从银行提取现金 12 000 元。

（6）24 日，用银行存款购买办公用品 3 200 元。

（7）27 日，开出转账支票交收款人，票面金额为 2 140 元。

（8）29 日，将现金 5 200 元存入银行。

（9）30 日，将付款单位交来的票面金额为 46 800 元转账支票送存银行。

（10）31 日，技术员李锋预借差旅费，开出票面金额 4 000 元的现金支票交其本人去银行提取。

银行对账单记录情况如下。

银行对账单存款月末余额：378 910 元。

（1）5 日，支付购买设备款 30 000 元。

（2）7 日，存入销售产品货款 35 100 元。

（3）10 日，支付购买材料款 81 190 元。

（4）16 日，交纳税金 35 000 元。

（5）20 日，提取现金 12 000 元。

（6）24 日，购买办公用品 3 200 元。

（7）28 日，收回企业委托收款 25 000 元。

（8）29 日，存入现金 5 200 元。

（9）29 日，代企业付水电费 3 600 元。

实训要求：

（1）编制"银行存款余额调节表"。

（2）说明对于银行已收企业未收、银行已付企业未付的未达账项，企业是否需要马上调整其日记账记录？

（3）该企业在月末时可以动用的存款应当是多少？

银行存款余额调节表
年　月　日

项　目	金　额	项　目	金　额
企业银行存款日记账余额：		银行对账单余额：	
加：银行已收，企业未收		加：企业已收，银行未收	
减：银行已付，企业未付		减：企业已付，银行未付	
调整后企业银行存款余额		调整后银行对账单余额	

主管会计：　　　　　　　　　　　　　　　　　　　　　制表人：

7. 实训目的：练习财产清查结果的处理。

实训器材与用具：记账凭证。

实训资料：某企业 2023 年 10 月末财产清查发现下列账实不符情况：

（1）甲材料盘盈 1 800 元。（记字 31 号，附件 1 张）

（2）乙材料盘亏 240 元。（记字 32 号，附件 1 张）

（3）库存商品 A 产品盘盈 240 元。（记字 33 号，附件 1 张）

（4）库存商品 B 产品的实存额 5 800 元，账面余额为 6 000 元。（记字 34 号，附件 1 张）

上列账项经 10 月 31 日相关领导批准后处理如下：

（1）盘盈的甲材料是因为计量差错。（记字 36 号，附件 1 张）

（2）盘亏的乙材料中 60 元属自然耗损，180 元属保管员李磊责任造成，应赔偿。（记字 37 号，附件 2 张）

（3）盘盈 A 成品是因为计量差错。（记字 38 号，附件 1 张）

（4）B 产品缺少 200 元，为厂部管理部门管理员刘磊失职造成，经批准作追究管理员刘磊的责任。（记字 39 号，附件 1 张）

实训要求：根据以上资料编制记账凭证。

8. 实训目的：练习错账更正的三种处理方法。

实训器材与用具：记账凭证。

实训资料：南昌丽华公司在 2023 年 10 月份账证核对中，发现下列错误：

（1）从银行提取库存现金 16 000 元，备发工资。（10 月 5 日，记字 5 号）

记账凭证为：　　　　　　借：库存现金　　　　　　　　　　　　16 000
　　　　　　　　　　　　　　　贷：银行存款　　　　　　　　　　　　　　　16 000

账簿误记录为 1 600 元。

（2）预付红光公司购货款 25000 元。（10 月 10 日，记字 11 号）

记账凭证为：　　　　　　借：预收账款　　　　　　　　　　　　25 000
　　　　　　　　　　　　　　　贷：银行存款　　　　　　　　　　　　　　　25 000

（3）以银行存款支付公司行政部门用房的租金 2 300 元。（10 月 15 日，记字 15 号）

记账凭证为：　　　　　　借：管理费用　　　　　　　　　　　　3 200
　　　　　　　　　　　　　　　贷：银行存款　　　　　　　　　　　　　　　3 200

（4）开出现金支票 1 张，支付公司购货运杂费 540 元。（10 月 20 日，记字 20 号）

记账凭证为：　　　　　　借：在途物资　　　　　　　　　　　　450
　　　　　　　　　　　　　　　贷：银行存款　　　　　　　　　　　　　　　450

实训要求：按有关错账更正规则进行更正，如果需要编制记账凭证，从记字 25 号开始，编制时间是 2023 年 10 月 31 日。

四、测一测：初级会计资格考试练习题

（一）单项选择题

1. 库存现金日记账和银行存款日记账属于（　　　）。

A. 序时账　　　　　　B. 分类账　　　　　　C. 备查账　　　　　　D. 明细账

2. 下列不属于按外形特征不同分类的账簿是（　　　）。

A. 数量金额式账簿　　　　　　　　　　B. 订本式账簿

C. 活页式账簿　　　　　　　　　　　　D. 卡片式账簿

3. 下列各项中，适用于卡片账的是（　　　）。

A. 银行存款日记账　　　　　　　　　　B. 总账

C. 管理费用明细账　　　　　　　　　　D. 固定资产明细账

4. 下列科目的明细账格式应该采用"借方多栏式"的是（　　　）。

A. 营业外收入　　　　B. 原材料　　　　C. 应交税费　　　　D. 管理费用

5. 下列各项中，适用于数量金额式账簿的是（　　）。

A. 银行存款日记账　　　　　　　　B. 管理费用明细账

C. 原材料明细账　　　　　　　　　D. 固定资产明细账

6. 账簿的格式繁多，下列不属于账簿应具备的基本内容的是（　　）。

A. 封面　　　　　　　　　　　　　B. 账夹

C. 经管人员一览表　　　　　　　　D. 账页

7. 关于账簿的使用，下列说法错误的是（　　）。

A. 订本账预留太多则导致浪费，预留太少则影响连续登记

B. 活页账登账方便，可以根据业务多少添加，因此业务多的单位的总账可以采用此格式

C. 固定资产明细账一般采用卡片账

D. 总分类账一般使用订本账

8. 下列登账方法中错误的是（　　）。

A. 依据记账凭证和原始凭证逐日逐笔登记明细账

B. 依据记账凭证和汇总原始凭证逐日逐笔或定期汇总登记明细账

C. 依据记账凭证逐笔登记总账

D. 依据汇总原始凭证每月汇总登记库存现金日记账

9. 下列关于总分类账和明细分类账平行登记的说法中错误的是（　　）。

A. 两者的记账依据相同　　　　　　B. 两者的记账方向相同

C. 两者的记账金额相同　　　　　　D. 两者的记账日期相同

10. 下列关于会计账簿记账规则的说法中，错误的是（　　）。

A. 登记会计账簿时，应当将会计凭证日期、编号、业务内容摘要、金额和其他有关资料逐项记入账内

B. 登账完毕，要注明已经登账的符号并在记账凭证上签字或盖章

C. 账簿中书写的文字和数字应紧靠底线书写，一般应占格距的 1/3

D. 凡需要结出余额的账户，应当结出余额并正确填列，应当在"借或贷"等栏内写明"借"或者"贷"等字样

11. 下列各项中，属于从银行提取现金，登记库存现金日记账依据的是（　　）。

A. 库存现金收款凭证　　　　　　　B. 库存现金付款凭证

C. 银行付款凭证　　　　　　　　　D. 银行收款凭证

12. 按照经济业务发生或完成时间的先后顺序逐日逐笔进行登记的账簿称为（　　）。

A. 总分类账簿　　　　　　　　　　B. 序时账簿

C. 明细分类账簿　　　　　　　　　D. 备查账簿

13. 某企业材料总分类账户的本期借方发生额为 26 000 元，本期贷方发生额为 24 000 元，其有关明细分类账户的发生额分别为：甲材料本期借方发生额为 8 000 元，贷方发生额为 6 000 元；乙材料借方发生额为 13 000 元，贷方发生额为 16 000 元，则丙材料的本期借贷发生额分别是（　　）。

A. 借方发生额为 12 000 元，贷方发生额为 2 000 元

B. 借方发生额为 5 000 元，贷方发生额为 2 000 元

C. 借方发生额为 4 000 元，贷方发生额为 10 000 元

D. 借方发生额为 6 000 元，贷方发生额为 8 000 元

14. 下列各项错误，应当用补充登记法予以更正的是（　　　）。

A. 某账簿记录中，将 2 128.50 元误记为 2 182.50 元，而对应的记账凭证无误

B. 某企业从银行提取现金 3 000 元，在填制记账凭证时，误将其金额写为 8 000 元，并已登记入账

C. 接受外单位投入资金 180 000 元，已存入银行，在填制记账凭证时，填写的会计科目无误，误将其金额写为 160 000 元，并已登记入账

D. 某企业支付广告费 6 000 元，在填制记账凭证时，误借记"管理费用"科目，并已登记入账

15. 在用划线更正法进行更正时，对错误数字的处理是（　　　）。

A. 只划销写错的个别数码　　　　　　　B. 错误数字全部划销

C. 错误数字部分划销　　　　　　　　　D. 只涂抹写错的个别数码

16. 记账人员小李在结账前发现自己将一笔从银行提取现金的业务错误地记录为："借：银行存款 800，贷：库存现金 800"，并登记入账。应当采取（　　　）加以更正。

A. 划线更正法　　　B. 红字更正法　　　C. 补充登记法　　　D. 蓝字更正法

17. 需要结计本月发生额的账户，结计"过次页"的本页合计数应当是（　　　）。

A. 自本月初起至本页末止的发生额合计数

B. 自本年初起至本页末止的发生额累计数

C. 本页末的余额

D. 本页的发生额合计

18. 下列关于年终结账的表述中，正确的是（　　　）。

A. 不需要编制记账凭证，但应将上年账户的余额反向结平才能结转下年

B. 应编制记账凭证，并将上年账户的余额反向结平

C. 不需要编制记账凭证，也不需要将上年账户的余额反向结平，直接注明"结转下年"即可

D. 不需要编制记账凭证，也不需要将上年账户的余额反向结平

19. 对盘亏的固定资产净损失，经批准后可记入（　　　）账户的借方。

A. 制造费用　　　　B. 销售费用　　　　C. 营业外支出　　　　D. 管理费用

20. 某企业仓库本期末盘亏原材料原因已经查明，属于自然损耗，经批准后，会计人员应编制的会计分录为（　　　）。

A. 借：待处理财产损溢
　　贷：原材料

B. 借：待处理财产损溢
　　贷：营业外支出

C. 借：管理费用
　　贷：待处理财产损溢

D. 借：营业外支出
　　贷：待处理财产损溢

21. 对债权债务往来款项的清查方法是（   ）。

A. 实地盘点法   B. 技术推算法   C. 发函询证   D. 测量计算法

22. 年度终了，会计账簿暂由本单位财务会计部门保管一段时间，期满后由财会部门编造清册移交本单位的档案部门保管，这个时间段是（   ）年。

A. 1   B. 5   C. 2   D. 10

23. 下列关于会计账簿的更换与保管说法，错误的是（   ）。

A. 会计账簿的更换通常在新会计年度建账时进行

B. 一般来说，总账、日记账和多数明细账应每年更换一次

C. 卡片账可以连续使用

D. 所有的明细账，年末时都必须更换

24. 下列关于会计账簿保管，不正确的做法是（   ）。

A. 启用账簿时，要填写账簿启用及交换表，并在经管人员处签名盖章

B. 年度终了，会计账簿暂由本单位财务会计部门保管一年，期满后，由财务会计部门编造清册移交本单位的档案部门保管

C. 每日登记账簿，注意书写整齐清洁，不得涂污，避免账页毁损，保护账簿完整

D. 按有关规定使用账簿，经财务主管批准，账簿可外借

25. 下列账簿中，可以跨年度连续使用的是（   ）。

A. 总账   B. 卡片账   C. 日记账   D. 多数明细账

（二）多项选择题

1. 下列各项中，可以用来登记明细分类账的有（   ）。

A. 原始凭证   B. 销售合同

C. 原始凭证汇总表   D. 记账凭证

2. 账簿按其用途不同可分为（   ）。

A. 数量金额式账簿   B. 序时账簿   C. 订本式账簿   D. 备查账簿

3. 订本账的优点是（   ）。

A. 可以灵活安排分工记账   B. 可以防止账页散失

C. 可以防止任意抽换账页   D. 保证账簿资料的安全完整

4. 下列各项中，属于会计账簿的主要分类标准的有（   ）。

A. 用途   B. 账页格式   C. 会计期间   D. 金额

5. 下列应该使用订本式账簿的有（   ）。

A. 总分类账   B. 固定资产卡片账

C. 银行存款日记账   D. 库存现金日记账

6. 下列各项中，属于明细账通常格式的有（   ）。

A. 三栏式   B. 多栏式   C. 卡片式   D. 两栏式

7. 下列关于总分类账格式的说法中，正确的有（   ）。

A. 总分类账最常用的格式为三栏式，设置借方、贷方和余额三个基本金额栏目

B. 所有单位都要设置总分类账

C. 总分类账必须采用活页式账簿

D. 总分类账是根据总账科目或明细科目开设账页

8. 数量金额式明细分类账的账页格式，适用于（　　）明细账。

A. 库存商品　　　　　B. 生产成本　　　　　C. 应付账款　　　　　D. 原材料

9. 下列各种账簿中，属于出纳人员可以登记和保管的有（　　）。

A. 库存现金日记账　　　　　　　　　B. 银行存款日记账

C. 库存现金收款凭证　　　　　　　　D. 银行存款总账

10. 关于银行存款日记账和库存现金日记账在格式和登记方法方面相同的地方有（　　）。

A. 都是由出纳人员登记

B. 都是按时间顺序登记

C. 逐笔结出余额

D. 对于库存现金存入银行业务，填制库存现金付款凭证或银行存款收款凭证均可

11. 登记会计账簿时，下列说法正确的有（　　）。

A. 使用蓝黑墨水钢笔和红色墨水笔书写　　B. 月末结账划线可用红色墨水笔

C. 在某些特定条件下可使用铅笔　　　　　D. 在规定范围内可以使用红色墨水

12. 原材料明细账簿的收入、发出和结存三大栏内，都分设（　　）三个小栏。

A. 数量　　　　　B. 种类　　　　　C. 供应商　　　　　D. 金额

13. 库存现金日记账的登记证据有（　　）。

A. 银行存款收支的原始凭证　　　　　B. 现金收款凭证

C. 现金付款凭证　　　　　　　　　　D. 银行存款付款凭证

14. 下列各项中，属于账页应包括的内容的有（　　）。

A. 账户名称　　　　　　　　　　　　B. 记账凭证的种类和号数

C. 摘要栏　　　　　　　　　　　　　D. 金额栏

15. 下列说法中正确的有（　　）。

A. 每日终了，应结出"库存现金日记账"余额

B. 每月终了，应将"库存现金日记账"余额与库存现金核对

C. 每日终了，应将"库存现金日记账"与"库存现金"总分类账核对

D. 外币现金日记账应采用复式记账法

16. 下列关于会计账簿启用的说法中，正确的有（　　）。

A. 启用会计账簿时，应在账簿封面上写明单位名称和账簿名称

B. 启用会计账簿时，应在账簿扉页上附启用表

C. 启用订本式账簿时，应当从第一页到最后一页顺序编定页数，可以跳页、缺号

D. 在年度开始，启用新账簿时，应把上年度的年末余额记入新账的第一行

17. 银行存款日记账应定期结出发生额和余额，并与银行对账单核对。下列期限中不正确的有（　　）。

A. 每月　　　　　B. 每十五天　　　　　C. 每隔三至五天　　　　　D. 每日

18. 下列各项中，不需要逐日结出余额的账簿有（　　）。

A. 库存现金总账　　　　　　　　　　B. 库存现金日记账

C. 银行存款总账　　　　　　　　　　D. 银行存款日记账

19. 下列有关库存现金日记账的格式和登记方法的说法中，正确的有（　　）。

A. 库存现金日记账必须使用订本账

B. 对于从银行提取现金的业务，应根据有关银行存款付款凭证登记

C. 现金余额的计算公式为：本日余额＝上日余额＋本日收入－本日支出

D. "年""月""日""凭证号数""摘要""对方科目"均按现金收款凭证、现金付款凭证以及银行存款付款凭证逐日逐笔序时登记

20. 下列各项中，不属于对账的内容有（　　　）。

A. 账证核对　　　　　B. 账账核对　　　　　C. 账单核对　　　　　D. 账表核对

21. 账实核对的主要内容有（　　　）。

A. 各项财产物资明细账账面余额与财产物资的实有数额是否相符

B. 银行存款日记账账面余额与银行对账单的余额是否相符

C. 库存现金日记账账面余额与现金总账是否相符

D. 有关债权债务明细账账面余额与对方的账面记录是否相符

22. 下列做法中，属于对账的有（　　　）。

A. 账簿记录与原始凭证之间的核对

B. 总分类账簿与资产负债表之间的核对

C. 库存现金日记账的期末余额合计与库存现金总账期末余额的核对

D. 财产物资明细账账面余额与财产物资实存数额的核对

23. 账账核对的内容包括（　　　）。

A. 总账与所属明细账之间的核对

B. 现金、银行存款日记账与总账中的现金、银行存款账的核对

C. 银行存款日记账账面余额与银行对账单的余额是否相符

D. 总账账户借方发生额及余额与贷方发生额及余额的核对

24. 账证核对指的是核对会计账簿记录与原始凭证、记账凭证的（　　　）是否一致，记账方向是否相符。

A. 时间　　　　　B. 记账方向　　　　　C. 内容　　　　　D. 金额

25. 下列各项中，属于账实核对主要内容的有（　　　）。

A. 库存现金日记账的账面余额每日应与现金实际库存数核对相符

B. 银行存款日记账的账面余额与开户银行对账单相核对，每月至少核对一次

C. 材料、产成品、固定资产等财产物资明细账的账面余额，应与实有数量相核对相符

D. 原材料的明细分类账的账面余额应与原材料总账余额核对相符

26. 下列各项中，关于账证核对的说法正确的是（　　　）。

A. 账证核对是对会计账簿记录与原始凭证、记账凭证的各项内容进行核对

B. 通常在编制报表过程中进行

C. 是追查会计记录正确与否的最终途径

D. 如果账账不符，可以将账簿记录与有关会计凭证进行核对

27. 下列各项中，不属于由于记账凭证正确，账簿登记错误的错账更正方法的有（　　　）。

A. 划线更正法　　　　　B. 红字更正法

C. 补充登记法　　　　　D. 蓝字更正法

28. 下列各项资产中，可以采用实地盘点法进行清查的有（　　　）。

A. 应收账款　　　　　B. 原材料　　　　　C. 库存商品　　　　　D. 固定资产

29. 以下关于财产清查的意义的表述正确的有（　　　）。

A. 通过财产清查，可以查明各项财产物资的实有数量，确定实有数量与账面之间的差异，查明原因和责任

B. 通过财产清查，可以查明各项财产物资的保管情况是否良好，有无因管理不善，造成霉烂、变质、损失浪费

C. 通过财产清查，可以查明各项财产物资的保管情况是否良好，有无被非法挪用、贪污盗窃的情况，以便采取有效措施，改善管理，切实保障各项财产物资的安全完整

D. 通过财产清查，可以查明各项财产物资实际数量，合理安排生产经营活动

30. 下列各项中，关于会计账簿的保管说法正确的是（　　　）。

A. 各种账簿必须按照国家统一的会计制度的规定妥善保管

B. 年度终了，各种账簿在结转下年、建立新账后，一般都要把旧账送交总账会计集中统一管理

C. 会计账簿暂由本单位财务会计部门保管一年

D. 期满以后，由本单位档案部门编制移交清册，并进行保管

（三）判断题

1. 库存现金日记账既是订本式，又是借方贷方多栏式。（　　　）

2. 活页账是在账簿登记完毕之前，账页都不固定装订在一起，而是装在活页账夹中；当账簿登记完毕后，将账页予以装订，加具封面，并给各账页连续编号。（　　　）

3. 在明细账的核算中，需要对数量和金额同时进行核算的，需采用数量金额式明细账。（　　　）

4. 订本式账簿便于账页的重新排列和记账人员的分工，但账页容易散失和被随意抽换。（　　　）

5. 常见的日记账包括库存现金日记账、银行存款日记账。（　　　）

6. 库存现金日记账的账页格式均为多栏式，而且必须使用订本账。（　　　）

7. 库存现金日记账的格式主要有三栏式和多栏式两种，库存现金日记账可以使用订本账或活页账。（　　　）

8. "生产成本"明细账一般用多栏式，"管理费用"明细账一般用三栏式。（　　　）

9. 多栏式明细分类账，一般适用于收入、费用、成本的明细分类账。（　　　）

10. 库存现金、银行存款日记账应做到日清日结，保证账实相符。（　　　）

11. 库存现金日记账和银行存款日记账不论在何种账务处理程序下，都是根据收款凭证、付款凭证及转账凭证逐日逐笔顺序登记的。（　　　）

12. 各种账簿必须按事先编好的页码，逐页逐行按顺序连续登记，不得隔页、跳行。如不慎发生这种状况，把空页直接撕毁。（　　　）

13. 原材料明细账的每一账页登记完毕结转下页时，可以只将每页末的余额结转次页，同时将本页的发生额结转次页。（　　　）

14. 账簿与账户的关系是内容和形式的关系。（　　　）

15. 总分类账户及其所属的明细分类账户必须在同一天登记。（　　　）

16. 红色墨水仅限于冲销错误记录。（　　　）

17. 登记账簿时，发生的空行要用斜线注销，发生的空页也不得随意撕掉，应写明此页空白，并由会计人员和会计机构负责人盖章，以明确责任。（　　）

18. 应收、应付款明细账和各项财产物资明细账不需要按月结计本期发生额。（　　）

19. 需要按月结计发生额的收入、费用等明细账，每月结账时，要结出本月发生额和余额，在摘要栏内注明"本月合计"字样，并在下面通栏划双红线。（　　）

20. 库存现金日记账和银行存款日记账必须按日结出余额。（　　）

21. 所谓平行登记，是对所发生的每一笔经济业务，都要以会计凭证为依据，一方面记入有关总分类账户，另一方面要记入该总分类账户所属的明细分类账户的方法。（　　）

22. 登记账簿时，应当将发生的空行、空页划线注销，或者注明"此行空白"字样。（　　）

23. 任何单位，对账工作应该每月至少进行一次。（　　）

24. 对账是指为使期末用于编制会计报表的数据真实、可靠而进行的有关账项的核对工作。（　　）

25. 在记账以后，结账之前，如果发现记账凭证和账簿记录的金额大于实际金额，而所用会计科目及记账方向并无错误，可用划线更正法更正。（　　）

26. 会计人员根据审核无误的记账凭证记账时，将贷记账户的金额48 000元写成84 000元，更正时应采用划线更正法。（　　）

27. 对于更换新账的，应在新账第一行摘要栏注明"上年结转"或"年初余额"字样，并将上年余额计入"余额"栏内；此外，新旧账有关账户之间转记余额，要编制记账凭证。（　　）

28. 各账户结出余额后，应在"借或贷"栏内写明"借"或"贷"，没有余额的账户在"借"或"贷"栏内不写字，在"余额"栏内写"0"。（　　）

29. 对于会计账簿的更换，有些财产物资明细账和债权债务明细账由于材料品种、规格和往来单位较多，更换新账时，重抄一遍的工作量较大的明细账，可以连续使用，不必每年更换。（　　）

30. 存货盘亏、毁损的净损失，属于自然损耗产生的定额损耗，经批准后计入"管理费用"科目。（　　）

31. 财产清查是指通过对货币资金、实物资产和往来款项的盘点或核对，确定其实存数，以查明账存数与实存数是否相符的一种专门方法。（　　）

32. 存货发生盘盈，经批准后，借记"待处理财产损溢——待处理流动资产损溢"科目，贷记"管理费用"科目。（　　）

33. 年度终了结账时，应当在全年累计发生额下面划通栏的单红线。（　　）

34. 在结账前应将本期发生的经济业务事项全部登记入账，并保证其正确性，不能漏记或错记。（　　）

35. 对于会计账簿的更换，卡片账可以连续使用，不必每年更换。（　　）

提供经济活动信息，掌握编制会计报表的方法

一、实训目标：实训目的与要求

通过实训，使学生了解会计报表的概念和作用，熟悉会计报表的结构和内容；较为熟练地掌握资产负债表和利润表的编制方法，培养学生爱岗敬业、遵循准则、客观公正、不做假账的职业素养和认真、细致、严谨的工作作风以及一丝不苟、精益求精的工匠精神。

二、实训准备：实训器材与用具

空白的资产负债表和利润表。

三、练一练：实训练习题

(一) 单项选择题

1. 资产负债表是反映企业在（　　）的财务状况的报表。

A. 一定期间　　　　　　　　　　　　B. 某一特定日期

C. 某一特定时期　　　　　　　　　　D. 某一会计期间

2. 在下列各个财务报表中，属于企业对外提供的静态报表是（　　）。

A. 利润表　　　　　　　　　　　　　B. 所有者权益变动表

C. 现金流量表　　　　　　　　　　　D. 资产负债表

3. 关于资产负债表的格式，下列说法不正确的是（　　）。

A. 资产负债表主要有账户式和报告式

B. 我国的资产负债表采用报告式

C. 账户式资产负债表分为左右两方，左方为资产，右方为负债和所有者权益

D. 负债和所有者权益按照求偿权的先后顺序排列

4. 资产负债表"货币资金"项目不包括（　　）账户的余额。

A. 库存现金　　　　　　　　　　　　B. 银行存款

C. 其他货币资金　　　　　　　　　　D. 应收票据

5. 账户式资产负债表分左右两方，左方为资产，右方为负债及所有者权益。以下说法

不正确的是（　　　）。

  A. 资产项目按流动性大小排列

  B. 负债及所有者权益项目按求偿权先后顺序排列

  C. 平衡公式为"资产＝负债＋所有者权益"

  D. 平衡公式为"资产＋负债＝所有者权益"

  6. 编制资产负债表的主要依据是（　　　）。

  A. 资产、负债及所有者权益的本期发生额

  B. 损益类账户的本期发生额

  C. 资产、负债及所有者权益的账户的期末余额

  D. 各损益类账户的期末余额

  7. "应收账款"科目所属明细科目如有贷方余额，应在资产负债表（　　　）项目中反映。

  A. 预付款项   B. 预收款项   C. 应收账款   D. 应付账款

  8. 资产负债表中应付账款项目应根据（　　　）填列。

  A. "应付账款"总账账户的期末余额

  B. "应付账款"总账账户的所属明细账户的期末余额

  C. "应付账款"和"预付账款"所属各明细科目的期末贷方余额的合计数

  D. "应付账款"和"预付账款"所属各明细科目的期末借方余额的合计数

  9～12 题的资料如下：天蓝公司在编制 2023 年 12 月 31 日资产负债表时，"应收账款""应付账款""预付账款"和"预收账款"总账和明细分类账的期末余额见表 5-1 和表 5-2，应收账款计提的坏账准备金额为 100 元。

表 5-1　应收账款和应付账款

单位：元

应收账款——A 公司	借方	6 500	应付账款——E 公司	贷方	2 200
应收账款——B 公司	贷方	1 500	应付账款——F 公司	贷方	1 000
应收账款——C 公司	借方	2 000	应付账款——G 公司	借方	1 000
应收账款——D 公司	借方	1 000	应付账款——H 公司	贷方	200
合计	借方	8 000	合计	贷方	2 400

表 5-2　预付账款和预收账款

单位：元

预付账款——甲公司	借方	400	预收账款——丙公司	借方	100
预付账款——乙公司	贷方	1 000	预收账款——丁公司	贷方	300
合计	贷方	600	合计	贷方	200

  9. 天蓝公司 2023 年 12 月 31 日资产负债表上"应收账款"项目的金额为（　　　）元。

  A. 8 000   B. 9 600   C. 4 000   D. 9 500

  10. 天蓝公司 2023 年 12 月 31 日资产负债表上"应付账款"项目的金额为（　　　）元。

  A. 1 000   B. 1 400   C. 2 400   D. 4 400

  11. 天蓝公司 2023 年 12 月 31 日资产负债表上"预收款项"项目的金额为（　　　）元。

A. 200　　　　　　　B. 1 800　　　　　　C. 100　　　　　　D. 2 400

12. 天蓝公司 2023 年 12 月 31 日资产负债表上"预付款项"项目的金额为（　　）元。

A. 0　　　　　　　B. 600　　　　　　C. 1 400　　　　　　D. 8 000

13. 某项长期借款若在资产负债表日还款期短于 1 年，编制资产负债表时，应在（　　）项目填制。

A. 短期借款　　　　　　　　　　　　B. 长期借款

C. 一年内到期的长期负债　　　　　　D. 流动负债

14. 利润表是反映（　　）的报表。

A. 财务状况　　　　B. 经营成果　　　　C. 费用和成本　　　　D. 合并财务

15. 以下属于利润表的项目有（　　）。

A. 货币资金　　　　B. 应交税费　　　　C. 未分配利润　　　　D. 净利润

16. 我国的利润表依据（　　）格式编制。

A. 账户式　　　　B. 报告式　　　　C. 多步式　　　　D. 单步式

17. 编制财务报表时，以"收入 – 费用 = 利润"这一会计等式作为编制依据的财务报表是（　　）。

A. 利润表　　　　　　　　　　　　B. 所有者权益变动表

C. 资产负债表　　　　　　　　　　D. 现金流量表

18. 编制利润表主要是根据（　　）。

A. 资产、负债及所有者权益各账户的本期发生额

B. 资产、负债及所有者权益各账户的期末余额

C. 损益类各账户的本期发生额

D. 损益类各账户的期末余额

19. 利润表中，与计算"营业利润"无关的项目是（　　）。

A. 营业外收入　　　B. 投资收益　　　C. 营业收入　　　D. 资产减值损失

20 ~ 22 题中乙公司的资料见表 5-3。

表 5-3　2023 年度乙公司损益类账户的累计发生额

单位：万元

科目名称	借方发生额	贷方发生额
主营业务收入		1 000
主营业务成本	500	
税金及附加	10	
销售费用	40	
管理费用	150	
财务费用		10
投资收益		30
营业外收入		30
营业外支出	50	
所得税费用	80	

20. 乙公司 2023 年实现营业利润（   ）万元。

A. 500   B. 490   C. 340   D. 320

21. 乙公司 2023 年实现利润总额（   ）万元。

A. 500   B. 490   C. 300   D. 320

22. 乙公司 2023 年实现净利润（   ）万元。

A. 240   B. 390   C. 300   D. 290

23. 下列关于现金流量表的描述正确的是（   ）。

A. 现金流量表是反映企业在一定会计期间库存现金流入和流出的报表

B. 现金流量表是反映企业在一定会计期间现金和现金等价物流入和流出的报表

C. 现金等价物指的是企业的银行存款以及其他货币资金

D. 购买的股票投资也属于企业现金等价物

24. （   ）是指对资产负债表、利润表、现金流量表等报表中列示项目所做的进一步说明，以及对未能在这些报表中列示项目的说明等。

A. 财务会计报告   B. 财务会计报告附注

C. 会计报表附注   D. 财务情况说明书

25. 下列不属于中期报告的是（   ）。

A. 年报   B. 月报   C. 季报   D. 半年报

（二）多项选择题

1. 资产负债表的格式有（   ）。

A. 账户式   B. 报告式   C. 单步式   D. 多步式

2. 关于资产负债表，下列说法中正确的有（   ）。

A. 又称为静态报表

B. 可据以分析企业的经营成果

C. 可据以分析企业的债务偿还能力

D. 可据以分析企业在某一日期所拥有的经济资源及其分布情况

3. 资产负债表的表头，应该包括（   ）。

A. 报表名称   B. 金额计量单位

C. 编制日期   D. 编表单位名称

4. 下列各项中，属于资产负债表中流动资产项目的有（   ）。

A. 货币资金   B. 预收款项   C. 应收账款   D. 存货

5. 下列项目中，列在资产负债表左方的是（   ）。

A. 长期股权投资   B. 长期借款   C. 应收账款   D. 资本公积

6. 资产负债表中的"期末余额"栏各项目的填列方法有（   ）。

A. 根据总账账户的余额直接填列   B. 根据总账余额计算填列

C. 根据明细账户的余额计算填列   D. 根据总账余额和明细账余额计算填列

7. 资产负债表的下列项目中，可根据总账账户期末余额直接填列的有（   ）。

A. 固定资产   B. 应付股利   C. 应付账款   D. 应交税费

8. 编制资产负债表时，需根据有关总账科目期末余额分析、计算填列的项目有（   ）。

A. 货币资金   B. 预付款项   C. 存货   D. 短期借款

9. 根据总账科目直接填列资产负债表项目有（　　）。

A. 短期借款　　　B. 应收账款　　　C. 货币资金　　　D. 资本公积

10. 资产负债表中某些项目需要根据明细账户的余额计算填列，如（　　）等项目。

A. 应收账款　　　B. 短期借款　　　C. 应付账款　　　D. 应收票据

11. 资产负债表中"应收账款"项目应根据（　　）之和减去"坏账准备"账户中有关应收账款计提的坏账准备期末余额填列。

A. "应收账款"科目所属明细科目的借方余额

B. "应收账款"科目所属明细科目的贷方余额

C. "应付账款"科目所属明细科目的贷方余额

D. "预收账款"科目所属明细科目的借方余额

12. 资产负债表"应付账款"项目应根据（　　）填制。

A. "应付账款"总分类账户期末余额

B. "应付账款"明细分类账户期末贷方余额

C. "预付账款"明细分类账户期末贷方余额

D. "应收账款"明细分类账户期末贷方余额

13. 正华公司2023年12月31日"应付账款"账户为贷方余额260 000元，其所属明细账户的贷方余额合计为330 000元，所属明细账户的借方余额合计为70 000元；"预付账款"账户为借方余额150 000元，其所属明细账户的借方余额合计为200 000元，所属明细账户的贷方余额合计为50 000元。则正华公司2023年12月31日资产负债表中"应付账款"和"预付款项"两个项目的期末数分别应为（　　）元。

A. 380 000　　　B. 260 000　　　C. 150 000　　　D. 270 000

14. 资产负债表中"存货"项目的计算包括（　　）等账户。

A. 原材料　　　B. 生产成本　　　C. 存货跌价准备　　　D. 库存商品

15. 利润表的特点有（　　）。

A. 根据相关账户的本期发生额编制　　　B. 根据相关账户的期末余额编制

C. 属于静态报表　　　D. 属于动态报表

16. 关于利润表，下列说法中正确的有（　　）。

A. 它属于静态报表

B. 它属于动态报表

C. 它反映企业在一定会计期间的经营成果

D. 可据以分析企业的获利能力及利润的未来发展趋势

17. 利润表中，"营业成本"项目的"本期金额"，应根据（　　）账户的本期发生额计算填列。

A. 生产成本　　　B. 主营业务成本　　　C. 其他业务成本　　　D. 劳务成本

18. 利润表中的"营业收入"项目填列的依据有（　　）。

A. "营业外支出"发生额　　　B. "主营业务收入"发生额

C. "其他业务收入"发生额　　　D. "税金及附加"发生额

19. 下列项目会影响当期损益的是（　　）。

A. 制造费用　　　B. 财务费用　　　C. 管理费用　　　D. 销售费用

20. 以下项目中，会影响营业利润计算的有（   ）。

A. 营业外收入　　　　　　　　　　　B. 税金及附加

C. 营业成本　　　　　　　　　　　　D. 销售费用

21. 下列等式正确的有（   ）。

A. 资产 = 负债 + 所有者权益

B. 营业利润 = 主营业务收入 + 其他业务收入 – 主营业务成本 – 其他业务成本 + 投资收益 + 公允价值变动收益 + 资产处置收益 + 其他收益

C. 利润总额 = 营业利润 + 营业外收入 – 营业外支出

D. 净利润 = 利润总额 – 所得税费用

22. 现金流量表将现金流量分成（   ）。

A. 经营活动产生的现金流量　　　　　B. 投资活动产生的现金流量

C. 筹资活动产生的现金流量　　　　　D. 其他活动产生的现金流量

23. 财务会计报告反映的内容主要包括企业（   ）。

A. 某一特定日期的财务状况　　　　　B. 某一会计期间的经营成果

C. 某一会计期间的成本费用　　　　　D. 某一会计期间的现金流量

24. 财务会计报告使用者包括（   ）等。

A. 债务人　　　　　B. 出资人　　　　　C. 银行　　　　　D. 税务机关

25. 企业年度财务报表至少应当包括（   ）。

A. 资产负债表　　　　　　　　　　　B. 利润表

C. 现金流量表　　　　　　　　　　　D. 财务会计报表附注

（三）判断题

1. 资产负债表是反映企业在某一时期财务状况的会计报表。（   ）

2. 资产负债表的格式主要有账户式和报告式两种，我国采用的是报告式，因此才出现财务会计报告这个名词。（   ）

3. 资产负债表是总括反映企业特定日期资产、负债和所有者权益情况的动态报表，通过它可以了解企业的资产构成、资金的来源构成和企业债务的偿还能力。（   ）

4. "资产 = 负债 + 所有者权益"这一会计等式，是资产负债表的理论依据。（   ）

5. 资产负债表中的"货币资金"项目，反映的是企业库存现金和银行结算户存款二者的合计数。（   ）

6. 资产负债表中的"应收账款"科目所属明细科目期末若有贷方余额，应在本表中"预收款项"项目中填列。（   ）

7. 资产负债表中的"货币资金"项目，应根据"银行存款"账户的期末余额填列。（   ）

8. 资产负债表中的"固定资产"项目，应根据"固定资产"账户余额减去"累计折旧""固定资产减值准备"等账户的期末余额后的金额填列。（   ）

9. 资产负债表中的"存货"项目应根据"库存商品"科目的余额直接填列。（   ）

10. 2023 年 12 月 31 日，五华公司"长期借款"账户贷方余额 520 000 元，其中，2024 年 6 月 30 日到期的借款为 200 000 元，则五华公司 2023 年 12 月 31 日编制的资产负债表中，"长期借款"项目的"期末余额"应为 320 000 元。（   ）

11. 编制以 12 月 31 日为资产负债表日的资产负债表时，表中的"未分配利润"项目应根据"利润分配"账户的年末余额直接填列。 （　　）

12. 2023 年 3 月 31 日，某公司"本年利润"账户为贷方余额 153 000 元，"利润分配"账户为贷方余额 96 000 元，则当日编制的资产负债表中，"未分配利润"项目的"期末余额"应为 57 000 元。 （　　）

13. 通过利润表，可以考核企业一定会计期间的经营成果，分析企业的获利能力及利润的未来发展趋势，了解投资者投入资本的保值增值情况。 （　　）

14. 我国利润表的格式是单步式。 （　　）

15. 利润表是反映企业在特定日期上利润（亏损）实现情况的会计报表，它属于静态报表。 （　　）

16. 利润表中"营业成本"项目，反映企业销售产品和提供劳务等主要经营业务的各项销售费用和实际成本。 （　　）

17. 多步式利润表的优点突出，在会计实务得到广泛使用，因此我国即是采用多步式利润表格式。 （　　）

18. 营业利润减去管理费用、销售费用、财务费用和所得税费用后得到净利润。（　　）

19. 净利润是指营业利润减去所得税后的净额。 （　　）

20. 现金流量表中的"现金"指的是库存现金。 （　　）

21. 现金流量表是静态报表。 （　　）

22. 会计报表通常包括资产负债、利润表、现金流量表等报表。 （　　）

23. 财务会计报表等同于财务会计报告。 （　　）

24. 编制企业财务报告的目的是向单位的有关各方提供全面、系统的财务会计信息，以帮助他们了解该经营单位管理层受托责任的履行情况，分析其业务活动中存在的问题，便于报告的使用者做出更加合理的经营决策。 （　　）

25. 会计报表附注是指对在会计报表中列示项目所做的进一步说明，以及对未能在这些报表中列示项目的说明等。 （　　）

（四）业务题

1. 实训目的：练习资产负债表的编制方法。

实训资料：金陵有限公司 2023 年 12 月月末的各账户余额见表 5-4。

表 5-4　金陵有限公司 2023 年 12 月 31 日月末的各账户余额

单位：元

账户名称	借方余额	账户名称	贷方余额
库存现金	20 000	短期借款	230 000
银行存款	560 000	应付票据	290 000
其他货币资金	36 000	应付账款	380 000
应收票据	430 000	预收账款	220 000
应收账款	400 000	其他应付款	46 000
坏账准备	−2 000	应付职工薪酬	147 500
预付账款	110 000	应付利息	70 000

账户名称	借方余额	账户名称	贷方余额
其他应收款	70 000	应付股利	20 000
在途物资	135 000	应交税费	160 500
原材料	620 000	长期借款	470 000
周转材料	150 000	其中：1年内到期的非流动负债	130 000
库存商品	1 320 000	递延所得税负债	145 000
材料成本差异	0	股本	3 160 000
存货跌价准备	−10 000	资本公积	2 120 000
长期股权投资	340 000	盈余公积	1 030 000
固定资产	5 640 000	利润分配	2 040 000
累计折旧	−50 000		
固定资产减值损失	−10 000		
工程物资	20 000		
在建工程	410 000		
无形资产	440 000		
累计摊销	−100 000		
长期待摊费用	0		
合计	10 529 000	合计	10 529 000

2023年12月31日，金陵有限公司部分明细科目余额见表5-5。

表5-5　金陵有限公司部分明细科目余额

单位：元

总　账　科　目	明细科目借方余额合计	明细科目贷方余额合计
应收账款	500 000	100 000
预付账款	230 000	120 000
应付账款	160 000	540 000
预收账款	60 000	280 000

实训要求：编制金陵有限公司2023年12月31日资产负债表，并将数据填入表5-6。

表5-6　资产负债表

会企01表

单位：元

编制单位：　　　　　　　　　　　　　　年　月　日

资　　产	期末余额	上年年末余额	负债和所有者权益（或股东权益）	期末余额	上年年末余额
流动资产：			流动负债：		

续表

资　产	期末余额	上年年末余额	负债和所有者权益（或股东权益）	期末余额	上年年末余额
货币资金			短期借款		
交易性金融资产			交易性金融负债		
衍生金融资产			衍生金融负债		
应收票据			应付票据		
应收账款			应付账款		
应收款项融资			预收款项		
预付款项			合同负债		
其他应收款			应付职工薪酬		
存货			应交税费		
合同资产			其他应付款		
持有待售资产			持有待售负债		
一年内到期的非流动资产			一年内到期的非流动负债		
其他流动资产			其他流动负债		
流动资产合计			流动负债合计		
非流动资产：			非流动负债：		
债权投资			长期借款		
其他债权投资			应付债券		
长期应收款			其中：优先股		
长期股权投资			永续债		
其他权益工具投资			租赁负债		
其他非流动金融资产			长期应付款		
投资性房地产			预计负债		
固定资产			递延收益		
在建工程			递延所得税负债		
生产性生物资产			其他非流动负债		
油气资产			非流动负债合计		
使用权资产			负债合计		
无形资产			所有者权益（或股东权益）：		
开发支出			实收资本（或股本）		
商誉			其他权益工具		
长期待摊费用			其中：优先股		
递延所得税资产			永续债		

续表

资　产	期末余额	上年 年末余额	负债和所有者权益 （或股东权益）	期末余额	上年 年末余额
其他非流动资产			资本公积		
非流动资产合计			减：库存股		
			其他综合收益		
			专项储备		
			盈余公积		
			未分配利润		
			所有者权益（或股东权益）合计		
资产总计			负债和所有者权益（或股东权益）总计		

2. 实训目的：练习利润表的编制方法。

实训资料：富康有限公司2023年度各损益类账户发生额见表5-7。

表 5-7　富康有限公司 2023 年度各损益类账户发生额

单位：元

科　目　名　称	借方发生额	贷方发生额
主营业务收入		2 340 000.00
其他业务收入		550 000.00
营业外收入		80 000.00
主营业务成本	960 000.00	
其他业务成本	210 000.00	
税金及附加	34 000.00	
销售费用	100 000.00	
管理费用	180 000.00	
财务费用	40 000.00	
营业外支出	46 000.00	
所得税费用	350 000.00	

实训要求：编制富康有限公司2023年度的利润表，并将数据填入表5-8。

表 5-8　利润表

会企 02 表

编制单位：　　　　　　　　年度　　　　　　　　单位：元

项　　目	本期金额	上期金额
一、营业收入		

项　　目	本期金额	上期金额
减：营业成本		
税金及附加		
销售费用		
管理费用		
研发费用		
财务费用		
其中：利息费用		
利息收入		
加：其他收益		
投资收益（损失以"－"号填列）		
其中：对联营企业和合营企业的投资收益		
以摊余成本计量的金融资产终止确认收益（损失以"－"号填列）		
净敞口套期收益（损失以"－"号填列）		
公允价值变动收益（损失以"－"号填列）		
减值损失（损失以"－"号填列）		
资产减值损失（损失以"－"号填列）		
资产处置收益（损失以"－"号填列）		
二、营业利润（亏损以"－"号填列）		
加：营业外收入		
减：营业外支出		
三、利润总额（亏损总额以"－"号填列）		
减：所得税费用		
四、净利润（净亏损以"－"号填列）		
（一）持续经营净利润（净亏损以"－"号填列）		
（二）终止经营净利润（净亏损以"－"号填列）		
五、其他综合收益的税后净额		
六、综合收益总额		
七、每股收益		
（一）基本每股收益		
（二）稀释每股收益		

四、测一测：初级会计资格考试练习题

（一）单项选择题

1. 企业的资产负债表是反映企业某一特定日期（　　　）的财务会计报表。

A. 权益变动情况　　　　B. 财务状况　　　　　C. 经营成果　　　　　D. 现金流量

2. 以下报表可以提供企业资产的流动性和偿债能力情况的是（　　　）。

A. 资产负债表　　　　　　　　　　　　　　B. 利润分配表

C. 所有者权益变动表　　　　　　　　　　　D. 现金流量表

3. 账户式资产负债表的左方为（　　　）。

A. 资产项目，按资产的流动性大小顺序排列

B. 资产项目，按资产的流动性由小到大顺序排列

C. 负债及所有者权益项目，一般按求偿权先后顺序

D. 负债及所有者权益项目，按短期负债、长期负债、所有者权益顺序排列

4. 资产负债表的格式，以下说法中不正确的是（　　　）。

A. 资产负债表主要有账户式和报告式

B. 我国的资产负债表采用报告式

C. 账户式资产负债表分为左右两方，左方为资产，右方为负债和所有者权益

D. 负债和所有者权益按照求偿权的先后顺序排列

5. 下列各项中，流动资产是（　　　）。

A. 应收账款　　　　　B. 应付账款　　　　　C. 无形资产　　　　　D. 短期借款

6. 以下不属于资产负债表项目的是（　　　）。

A. 固定资产　　　　　B. 累计折旧　　　　　C. 预收款项　　　　　D. 应付账款

7. 下列资产负债表项目中，不能根据总账余额直接填列的是（　　　）。

A. 实收资本　　　　　B. 盈余公积　　　　　C. 存货　　　　　　　D. 短期借款

8. 资产负债表中的"存货"项目可以根据（　　　）。

A. "存货"账户的期末借方余额直接填列

B. "原材料"账户的期末借方余额直接填列

C. "原材料""生产成本""库存商品"等账户的期末借方余额之和填列

D. "存货""在产品"等账户的期末借方余额之和填列

9. 芳华公司 2023 年 12 月 31 日"应收账款"账户为借方余额 208 000 元，其所属明细账户的借方余额合计为 281 000 元，所属明细账户贷方余额合计为 73 000 元，"坏账准备"账户贷方余额 1 000 元，其中针对应收账款的坏账准备为 780 元，则该公司 2023 年 12 月 31 日资产负债表中"应收账款"项目的期末数应是（　　　）元。

A. 280 000　　　　　B. 280 220　　　　　C. 207 000　　　　　D. 206 320

10. 2023 年 12 月 31 日，Z 公司"应付账款"账户为贷方余额 160 000 元，其所属明细账户的贷方余额合计为 540 000 元，所属明细账户的借方余额合计为 380 000 元；"预付款项"账户为借方余额 100 000 元，其所属明细账户的借方余额合计为 240 000 元，所属明细账户的贷方余额为 140 000 元。Z 公司 2023 年 12 月 31 日资产负债表中，"应付账款"和"预付款项"两个项目的期末数分别应为（　　　）。

A. 780 000 元和 520 000 元   B. 300 000 元和 480 000 元

C. 680 000 元和 620 000 元   D. 260 000 元和 150 000 元

11. 明辉公司 2023 年 12 月 31 日"应付账款"账户为贷方余额 260 万元，其所属明细账户的贷方余额合计为 330 万元，所属明细账的借方余额合计为 70 万元；"预付账款"账户为借方余额 150 万元，其所属明细账的借方余额合计为 200 万元，所属明细账户贷方余额合计 50 万元。则该公司 2023 年 12 月 31 日资产负债表中"应付账款"和"预付款项"两个项目的期末数分别应为（   ）。

A. 380 万元和 270 万元   B. 330 万元和 200 万元

C. 530 万元和 120 万元   D. 260 万元和 150 万元

12. 在编制资产负债表时，需根据若干个总账账户的期末余额分析计算填列的项目有（   ）。

A. 预付款项   B. 未分配利润   C. 应付账款   D. 应付职工薪酬

13. M 公司 2023 年 12 月 31 日，"固定资产"原值为 1 000 000 元，"累计折旧"为 300 000 元，"固定资产减值准备" 100 000 元，则该公司 2023 年 12 月 31 日资产负债表中"固定资产"项目金额为（   ）元。

A. 1 000 000   B. 700 000   C. 600 000   D. 650 000

14. 下列项目在编制资产负债表时，（   ）需根据总账及有关明细账户的余额分析计算填列。

A. "存货"项目   B. "应收账款"项目

C. "长期借款"项目   D. "应付账款"项目

15. 资产负债表是反映（   ）的会计报表。

A. 企业在某一特定日期生产经营成果   B. 企业在一定会计期间生产经营成果

C. 企业在某一特定日期财务状况   D. 企业在一定会计期间的财务状况

16. 以下项目中，不是利润表列报项目的是（   ）。

A. 财务费用   B. 营业外支出   C. 营业收入   D. 制造费用

17. 以下项目中不属于利润表项目的是（   ）。

A. 营业成本   B. 主营业务收入   C. 营业外收入   D. 所得税费用

18. 我国现行的利润表结构一般采用（   ）。

A. 单步式   B. 多步式   C. 账户式   D. 报告式

19. 下列各项中，影响营业利润的是（   ）。

A. 销售费用   B. 生产费用   C. 营业外收入   D. 所得税费用

20. 在多步式利润表中，下列关于利润总额的计算，表述正确的是（   ）。

A. 利润总额 = 营业收入 – 营业成本

B. 利润总额 = 营业利润 + 营业外收入

C. 利润总额 = 营业利润 + 营业外收入 – 营业外支出 – 所得税费用

D. 利润总额 = 营业利润 + 营业外收入 – 营业外支出

21. 在多步式利润表中，下列关于净利润的计算，表述正确的是（   ）。

A. 利润总额减去应交所得税   B. 利润总额减去利润分配额

C. 利润总额减去销售费用   D. 利润总额减去所得税费用

22. D公司2023年12月损益账户发生额如下：营业收入8 000万元，营业成本5 000万元，税金及附加860万元，销售费用500万元，管理费用400万元，财务费用100万元，营业外收入50万元，所得税费用440万元。则该公司2023年12月利润表中"营业利润"项目的本月数为（　　）万元。

A. 3 000　　　　　　　B. 1 140　　　　　　　C. 2 040　　　　　　　D. 1 600

23. A公司本月主营业务收入为100 000元，其他业务收入为8 000元，营业外收入为9 000元，主营业务成本为76 000元，其他业务成本为5 000元，税金及附加为3 000元，营业外支出为7 500元，管理费用为4 000元，销售费用为3 000元，财务费用为1 500元，所得税费用为4 875元。则该企业本月营业利润为（　　）元。

A. 17 000　　　　　　B. 15 500　　　　　　C. 2 500　　　　　　　D. 8 000

24. S公司本月损益账户的发生额如下：主营业务收入7 200万元，主营业务成本4 500万元，税金及附加770万元，销售费用500万元，管理费用400万元，财务费用150万元，营业外支出80万元，所得税费用200万元。则利润表中"净利润"项目的本月数为（　　）万元。

A. 600　　　　　　　　B. 700　　　　　　　　C. 750　　　　　　　　D. 1 000

25. 按照编制主体的不同，企业财务报表可分为（　　）。

A. 内部报表和外部报表　　　　　　　　B. 静态报表和动态报表

C. 个别会计报表和合并会计报表　　　　D. 月报、季报和年报

（二）多项选择题

1. 下列有关资产负债表的说法正确的有（　　）。

A. 资产负债表又称为静态报表

B. 可以根据资产负债表分析企业的债务偿还能力

C. 资产负债表各项目是根据各总账账户的期末余额填列的

D. 资产负债表是企业的主要财务报表之一

2. 资产负债表的表头包括（　　）。

A. 报表的名称　　　B. 计量单位　　　C. 编表单位名称　　　D. 编制日期

3. 下列各项中，在资产负债表左方列示的有（　　）。

A. 货币资金　　　B. 流动资产　　　C. 无形资产　　　D. 非流动资产

4. 下列各项中，属于流动资产项目的有（　　）。

A. 应收账款　　　B. 预收款项　　　C. 其他应收款　　　D. 存货

5. 以下属于流动负债下的项目有（　　）。

A. 应付账款　　　　　　　　　　　　　B. 其他应付款

C. 长期借款　　　　　　　　　　　　　D. 一年内到期的长期负债

6. 资产负债表中的"期末余额"栏各项目的填列方法有（　　）。

A. 根据总账账户的余额直接填列

B. 根据总账余额和其所属明细账余额计算填列

C. 根据明细账户的余额计算填列

D. 根据科目汇总表余额直接填列

7. 编制资产负债表时，可以根据总分类账户的期末余额直接填列的是（　　）。

A. 应交税费　　　B. 存货　　　　　C. 应收账款　　　D. 短期借款

8. "货币资金"可以根据（　　）账户余额计算填列。

A. 库存现金　　　　B. 银行存款　　　　C. 其他货币资金　　　D. 应收票据

9. 下列资产负债表项目中，不能直接根据总分类账户余额填列的有（　　）。

A. 应付职工薪酬　　B. 应收账款　　　　C. 存货　　　　　　D. 未分配利润

10. 下列资产负债表项目中，应根据相关科目明细余额填列的有（　　）。

A. 应收账款　　　　B. 预收款项　　　　C. 货币资金　　　　D. 预付账款

11. 资产负债表中，"应付账款"项目应根据（　　）总分类账户所属各明细分类账户期末贷方余额合计填列。

A. 应收账款　　　　B. 预付账款　　　　C. 预收账款　　　　D. 应付账款

12. T公司"应收账款"科目月末借方余额4 000元，其中："应收甲公司账款"明细科目借方余额为6 000元，"应收乙公司账款"明细科目贷方余额为2 000元；"预收账款"科目月末贷方余额500元，其中："预收A工厂账款"明细科目贷方余额3 000元，"预收B工厂账款"明细科目借方余额2 500元。T公司月末资产负债表中"应收账款"和"预收款项"项目中分别填列的金额为（　　）元。

A. 8 500　　　　　B. 5 000　　　　　C. 4 000　　　　　D. 500

13. 下列关于利润表的描述正确的有（　　）。

A. 根据有关账户发生额编制　　　　　B. 动态报表

C. 反映财务状况的报表　　　　　　　D. 反映经营成果的报表

14. 下列选项中，属于利润表的项目有（　　）。

A. 制造费用　　　　B. 管理费用　　　　C. 财务费用　　　　D. 销售费用

15. 下列各项中，会影响营业利润的有（　　）。

A. 营业收入　　　　B. 营业外收入　　　C. 投资收益　　　　D. 营业外支出

16. 下列各选项中，会影响企业利润总额中的有（　　）。

A. 营业利润　　　　　　　　　　　　B. 营业外收入

C. 营业外支出　　　　　　　　　　　D. 所得税费用

17. 下列各项中，企业在编制利润表时需要计算填列的有（　　）。

A. 营业收入　　　　B. 营业成本　　　　C. 销售费用　　　　D. 利润总额

18. B公司2023年12月的主营业务收入为170万元，主营业务成本为119万元，税金及附加为17万元，销售费用为11万元，管理费用为10万元，财务费用为1.9万元，营业外收入为1.6万元，营业外支出为2.5万元，其他业务收入为20万元，其他业务成本为10万元，应交所得税按利润总额的25%计算，关于该公司2023年12月营业利润、利润总额、企业净利润的计算，错误的是（　　）。

A. 11.1万元、23.2万元、17.4万元　　　B. 21.1万元、20.2万元、15.15万元

C. 35.6万元、23.2万元、7.4万元　　　D. 11.1万元、20.2万元、15.15万元

19. C公司2023年营业利润320万元，营业外收入50万元，营业外支出10万元，净利润310万元。关于C公司2023年度有关利润表项目正确的有（　　）。

A. 利润总额360万元　　　　　　　　B. 利润总额370万元

C. 所得税费用50万元　　　　　　　　D. 所得税费用90万元

20. 下列有关利润表中"上期金额"填写正确的有（　　）。

A. 该项目根据上年度利润表中的"本期金额"填列

B. 填列各项目"上期金额"时要填写其余额数

C. 上年度利润表规定的项目与本年度利润表一致

D. 上年度利润表规定的项目与本年度利润表不一致时，应调整为一致

21. 下列有关利润表的公式正确的有（　　　）。

A. 营业利润＝营业收入－营业成本－税金及附加－销售费用－管理费用－研发费用－财务费用＋其他收益＋投资收益(损失以"－"表示)＋净敞口套期收益(损失以"－"表示)＋公允价值变动收益(损失以"－"表示)＋信用减值损失(损失以"－"表示)＋资产减值损失(损失以"－"表示)＋资产处置收益(损失以"－"表示)

B. 利润总额＝营业利润＋营业外收入－营业外支出

C. 净利润＝营业利润－所得税费用

D. 净利润＝利润总额－所得税费用

22. 下列有关报表说法正确的是（　　　）。

A. 资产负债表是动态报表，利润表是静态报表

B. 资产负债表反映的是财务状况，利润表反映的是经营成果

C. 资产负债表和利润表都是企业的主要财务报表之一

D. 资产负债表是月份报表，利润表是年度报表

23. 财务会计报表可以提供企业（　　　）的信息。

A. 财务状况　　　　B. 经营成果　　　　C. 现金流量　　　　D. 劳动状况

24. 会计报表按编制期间分类，可以分为（　　　）。

A. 中期会计报表　　　B. 月度报表　　　C. 季度报表　　　D. 年度会计报表

25. 会计报表按其编制主体不同分类，可以分为（　　　）。

A. 对内会计报表　　　B. 个别会计报表　　　C. 对外会计报表　　　D. 合并会计报表

（三）判断题

1. 资产负债表的账户式结构指的是资产负债表按左右顺序依次排列资产、负债及所有者权益项目。（　　　）

2. 资产负债表是根据"资产＝负债－所有者权益"这一会计等式为理论依据编制的。（　　　）

3. 账户式资产负债表左方的资产项目一般是按资产流动性顺序排列的。（　　　）

4. 编制资产负债表的理论依据是"利润＝收入－费用"。（　　　）

5. 资产负债表是静态报表，编制时主要根据有关账户发生额直接填列。（　　　）

6. 资产负债表是总括反映企业特定日期资产、负债和所有者权益情况的静态报表，通过它可以了解企业的资产构成、资金的来源构成和承担的债务及资金的流动性和偿债能力。（　　　）

7. 通过账户式资产负债表，可以反映利润、收入、费用之间的内在关系，即"利润＝收入－费用"。（　　　）

8. 资产负债表中的项目只能根据有关账户总账余额直接填列。（　　　）

9. 资产负债表各项目的"期末余额"有的可以根据总账和其所属明细账的期末余额分析计算填列。（　　　）

10. 资产负债表中"货币资金"项目应根据"库存现金""银行存款""其他货币资金"账户的期末余额合计填列。（　　）

11. "应收账款"项目应根据"应收账款"期末余额减去"坏账准备"期末余额后的净额填列。（　　）

12. "预付款项"项目应根据"预付款项"期末余额填列。（　　）

13. 资产负债表中"固定资产"项目应根据"固定资产"账户余额减去"累计折旧""固定资产减值准备"等账户的期末余额后的金额填列。（　　）

14. 利润表可以用来分析企业的偿债能力及利润的未来发展趋势。（　　）

15. 利润表的格式主要有多步式利润表和单步式利润表两种，我国企业采用的是多步式利润表格式。（　　）

16. 利润表中"营业成本"项目，反映企业销售产品和提供劳务等主要经营业务的各项销售费用和实际成本。（　　）

17. 利润表中的"营业收入"是由主营业务收入和营业外收入的合计填列。（　　）

18. 企业利润表中的净利润由营业利润和营业外收支净额组成。（　　）

19. 通过资产负债表，可以帮助报表使用者全面了解企业在一定时期的现金流入、流出信息及现金增减变动的原因；通过利润表，可以帮助报表使用者全面了解企业的财务状况，分析企业的债务偿还能力，从而为未来的经济决策提供参考信息。（　　）

20. 财务报表是会计主体对外提供的反映其财务状况、经营成果和现金流量的财务文件。（　　）

21. 企业编制会计报表的目的是满足管理者的需要。（　　）

22. 资产负债表、利润表和成本分析表都是对外报表。（　　）

23. 为使财务报表及时报送，企业在实际工作中可以提前结账。（　　）

24. 向不同会计资料使用者提供财务会计报告，其编制依据应当根据实际情况进行选择，所以其编制依据都是不一样的。（　　）

25. 企业中期财务会计报告包括年度、季度和月度财务会计报告。（　　）

展示学习成果,进行会计工作过程的基本技能综合实训

一、实训目标：实训目的与要求

通过综合实训，使学生能够比较系统地掌握会计核算的基本程序和具体方法，加深对基础会计理论知识的理解，培养学生的团队合作能力、沟通能力和实践操作能力，具备良好的人际关系和合作精神，增强社会责任感和职业道德意识。以真实的企业案例为载体，要求学生完成一套一般工业企业的日常经济业务的账务处理流程，并能根据相应的经济业务编制出财务报表，可以让学生更好地了解会计工作的实际情况，进而培养学生的工匠精神，提升现实职业能力。

二、实训准备：实训器材与用具

记账凭证、三栏式明细账账页、多栏式明细账账页、数量金额式明细账账页、总账账页、日记账账页、黑色水笔、红色水笔、直尺、凭证封面与封底、针、线、打孔机、资产负债表、利润表、剪刀、固体胶、别针、夹子。

三、练一练：实训练习题

(一) 企业概况

江西美华笔业有限公司是从事产品生产的工业企业，主要生产铅笔、圆珠笔两种产品。公司地址：江西省南昌市高新技术开发区金圣路456号。法定代表人：王琪。公司注册资本260万元人民币。企业法人营业执照注册号：3601412254365。开户行：南昌建设银行丰源天域分理处（基本户）。账号：9553302020423210。税务登记证号：360106095365484。财务主管：黄静；会计：张晓红；出纳：张婷。经税务部门核定，为一般纳税人，使用增值税税率为13%。

(二) 江西美华笔业有限公司2023年12月总分类账户的期初余额（表6-1）

表6-1 2023年12月月初有关数据   单位：元

账　户	借或贷	余　额	账　户	借或贷	余　额
一、资产			二、负债类		
库存现金	借	2 400.00	短期借款	贷	180 000.00

续表

账　户	借或贷	余　额	账　户	借或贷	余　额
银行存款	借	580 000.00	应付账款	贷	267 000.00
交易性金融资产	借	100 000.00	应付票据	贷	160 000.00
应收账款	借	284 000.00	应付职工薪酬	贷	15 620.00
其他应收款	借	250.00	应交税费	贷	118 000.00
原材料	借	127 000.00	应付利润	贷	53 400.00
周转材料	借	89 700.00	应付利息	贷	8 400.00
库存商品	借	605 000.00	长期借款	贷	200 000.00
预付账款	借	28 900.00	三、所有者权益		
长期股权投资	借	456 000.00	实收资本	贷	3 429 300.00
固定资产	借	4 472 000.00	资本公积	贷	732 420.00
累计折旧	贷	685 000.00	减：库存股		
无形资产	借	692 000.00	盈余公积	贷	516 625.00
			本年利润	贷	918 000.00
			利润分配	贷	153 485.00
合计		6 752 250.00	合计		6 752 250.00

（三）2023 年 12 月月初有关明细分类账户余额（表 6-2 ~ 表 6-8 ）

表 6-2　应收账款明细账

单位：元

明细账户	借或贷	余　额
南昌市商贸有限公司	借	220 000.00
南昌市伟博工厂	借	30 000.00
江西蔡氏有限公司	借	34 000.00
合　计		284 000.00

表 6-3　其他应收款明细账

单位：元

明细账户	借或贷	余　额
王强	借	250.00
合计		250.00

表6-4　原材料明细账

单位：元

明细账户	单 位	结 存		
		数量	单价	金额
笔用塑料	千克	18 000	2.00	36 000.00
笔用金属	千克	22 000	3.00	66 000.00
木材	捆	200	120.00	24 000.00
其他材料	千克	100	10.00	1 000.00
合计				127 000.00

表6-5　库存商品明细账

单位：元

明细账户	单 位	结 存		
		数量	单价	金额
铅笔	箱	1 200	265.00	318 000.00
圆珠笔	箱	1 000	287.00	287 000.00
合计				605 000.00

表6-6　固定资产明细账

单位：元

明细账户	借或贷	余 额
房屋	借	2 490 000.00
机器设备	借	1 145 000.00
交通工具	借	837 000.00
合计		4 472 000.00

表6-7　应交税费明细账

单位：元

明细账户	借或贷	余 额
未交增值税	贷	87 000.00
城建税	贷	6 090.00
教育费附加	贷	2 610.00
应交所得税	贷	22 300.00
合计		118 000.00

表6-8　应付账款明细账

单位：元

明细账户	借或贷	余　额
江西省马里奥工厂	贷	261 000.00
江西省贺强工厂	贷	6 000.00
合计		267 000.00

（四）2023年11月各损益类账户累计发生额

2023年11月各损益类账户累计发生额如表6-9所示。

表6-9　2023年11月各损益类账户累计发生额

单位：元

科　目	发生额	
	借　方	贷　方
主营业务收入		2 662 500.00
主营业务成本	1 556 200.00	
税金及附加	117 300.00	
销售费用	68 450.00	
管理费用	257 000.00	
财务费用	99 400.00	
投资收益		31 600.00
其他业务收入		19 100.00
其他业务成本	23 100.00	
营业外收入		11 400.00
营业外支出	19 600.00	
所得税费用	145 887.50	

（五）江西美华笔业有限公司 2023 年 12 月份发生的有关经济业务（根据相关经济业务填制记账凭证）

1. 1 日，接受南昌市新华公司货币资金投资 800 000 元，存入银行，如图 6-1 和图 6-2 所示。

中国建设银行 进账单（回单）

2023年12月1日

收款人	全称	江西美华笔业有限公司	付款人	全称	南昌市新华公司										
	账号	9553302020423210		账号	9553530201098765										
	开户行	南昌建设银行丰源天域分理处		开户行	南昌市工商银行人民路办事处	亿	千	百	十	万	千	百	十	元	角	分
金额	人民币（大写）捌拾万元整			2023.12.1 办讫				¥	8	0	0	0	0	0	0	0
票据种类	转账支票														
票据张数	1														
	复核　　记账					持票人开户行签章										

图 6-1

收款收据

2023年12月1日　　　　　　　　　　第10号

投资单位：南昌市新华公司		投资日期：2023年12月1日		
投资项目（名称）	原值	评估价值	投资期限	备注
货币资金		800000.00	10年	
投资金额合计（大写）捌拾万元整				¥ 800000.00

接受单位：江西美华笔业有限公司　　　　　负责人：**黄静**　　　制单：**张婷**

图 6-2

2. 2 日，向江西省汇茂工厂购入笔用塑料 4 000.00 千克，每千克 2.00 元，计货款 8 000.00元，增值税 1 040.00 元。材料已入库，开出转账支票支付货款，如图 6-3 ~ 图 6-6 所示。

材料入库单

					数量			金额								
供货单位：江西省汇茂工厂				2023年12月2日								编号：第21号				
类别	编号	名称	规格	单位	应收	实收	单价	总价								附注
								十万	千	百	十	元	角	分		
原材料		笔用塑料		千克	4000	4000	2		8	0	0	0	0	0		
					运杂费											
					合计			¥	8	0	0	0	0	0		

仓库保管员：**周星**　　　　采购业务员：**李强**　　　　送货人：**李力**

图 6-3

中国建设银行
转账支票存根
A 12343222

附加信息

出票日期　2023年12月2日

收款人：江西省汇茂工厂	
金额：¥9040.00	
用途：购料款	

单位主管　黄静　　　　会计　张晓红

图 6-4

江西增值税专用发票

3601053140

发票联

No 00063466

开票日期：2023年12月02日

购货单位	名　　　称：江西美华笔业有限公司 纳税人识别号：360106095365484 地址、电话：江西省南昌市高新技术开发区金圣路 开户行及账号：456号 　南昌建设银行丰源天域分理处 　9553302020423210	密码区	440<0211+-+01913124<0676->>2-23/18 3<0602->>2/4>>4/>>>0001879666845/3 4//563<0217+-+019>302+631005200410 /1-1-09881019>990/0+8//-275+6*94>4

货物或应税劳务名称	规格型号	单位	数量	单价	金额	税率	税额
笔用塑料		千克	4 000	2	8 000.00	13%	1 040.00
合　　　计					8 000.00		1 040.00

价税合计（大写）	玖仟零肆拾元整	（小写）¥9 040.00

销货单位	名　　　称：江西省汇茂工厂 纳税人识别号：360021345876312 地址、电话：南昌市人民东路489号 开户行及账号：南昌市招行人民路办事处 　3632542012109876	备注	江西省汇茂工厂 360021345876312 发票专用章

收款人：曾安静　　　复核：秦璐　　　开票人：杜子美　　　销货单位（章）

第三联　发票联　购货方记账凭证

图 6-5

中国建设银行 进账单（回单）

2023年12月2日

收款人	全称	江西省汇茂工厂	付款人	全称	江西美华笔业有限公司											
	账号	3632542012109876		账号	9553302020423210											
	开户行	南昌市招行人民路办事处		开户行	南昌建设银行丰源天域分理处											
金额	人民币（大写）玖仟零肆拾元整					亿	千	百	十	万	千	百	十	元	角	分
										¥	9	0	4	0	0	0
票据种类	转账支票															
票据张数	1															

南昌建行丰源天域分理处
2023.12.2
办讫

复核　　　记账　　　　　　　持票人开户行签章

图 6-6

3. 2 日，开出转账支票支付产品广告费 5 300 元，如图 6-7～图 6-9 所示。

中国建设银行

转账支票存根

A 12343223

附加信息 _____

_____

出票日期　2023年12月2日

收款人：	江西省金辉传媒有限公司
金额：	￥5300.00
用途：	广告费

单位主管　黄替　　　　会计　张皖红

图 6-7

中国建设银行 进账单（回单）

2023年12月2日

收款人	全称	江西省金辉传媒有限公司	付款人	全称	江西美华笔业有限公司										
	账号	3632542012108575		账号	9553302020423210										
	开户行	南昌市洪都大道洪都支行		开户行	南昌建设银行丰源天域分理处										
金额	人民币（大写）伍仟叁佰元整					亿	千	百	十	万	千	百	十	元	角	分
										￥	5	3	0	0	0	0
票据种类	转账支票														
票据张数	1														
	复核　　记账				持票人开户行签章										

南昌建行丰源天域分理处
2023.12.2
办讫

图 6-8

3601052715　　　　江西增值税专用发票　　No 00068963

开票日期：2023年12月02日

购货单位	名　　称：	江西美华笔业有限公司	密码区	440<0211+-+01913124<0676->>2-23/18
	纳税人识别号：	360106095365484		3<0602->>2/4>>4/>>>0001879666845/3
	地址、电话：	江西省南昌市高新技术开发区金圣路		4//563<0217+-+019>302+631005200410
	开户行及账号：	456号		/1-1-09881231>952/0+8//-275+6*96>1
		南昌建设银行丰源天域分理处		
		9553302020423210		

货物或应税劳务名称	规格型号	单位	数量	单价	金额	税率	税额
广告费					5 000.00	6%	300.00
合　　计					5 000.00		300.00
价税合计（大写）	伍仟叁佰肆拾元整			（小写）￥5 300.00			

销货单位	名　　称：	江西省金辉传媒有限公司	备注	
	纳税人识别号：	360021345569785		江西省金辉传媒有限公司
	地址、电话：	南昌市南京东路489号		360021345569785
	开户行及账号：	南昌市洪都大道洪都支行		发票专用章
		3632542012108575		

收款人：余研　　　复核：何小静　　　开票人：黄可　　　销货单位（章）

第三联　发票联　购货方记账凭证

图 6-9

4. 2 日，厂部办公室人员王强到外地出差，经领导批准预借差旅费 2 000 元，签发现金支票，如图 6-10 和图 6-11 所示。

借款单

2023年 12月 2 日

借款部门	办公室	姓名	王强	财务部经理	许阳	审核	黄静
						记账	张晓红
项目	预付差旅费	出差事由	出差	出差地点	广州	部门经理	陈真
	其他借款	借款理由	预借差旅费				
		对方单位		账号开户行		付款方式	现金支票

人民币：（大写）贰仟元整　　　　　　　　　　　￥2000.00

借款人签字：王强

图 6-10

中国建设银行
现金支票存根
A 12348765

附加信息
＿＿＿＿＿＿＿＿
＿＿＿＿＿＿＿＿

出票日期　2023年12月2日

收款人：	王强
金额：	￥2000.00
用途：	差旅费

单位主管　黄静　　　　会计　张晓红

图 6-11

5. 3 日，销售给南昌市商贸有限公司铅笔 800 箱，每箱售价 330 元，计货款 264 000.00 元，增值税 34 320.00 元；圆珠笔 500 箱，每箱售价 350 元，计货款 175 000.00 元，增值税 22 750.00 元。产品发出，货款尚未收到，结转销售成本，如图 6-12 和图 6-13 所示。

3601052718　　　**江西增值税专用发票**　　　No 00065987

此联不作报销、抵扣税凭证使用　　　开票日期：2023年12月03日

购货单位	名　称：	南昌市商贸有限公司		密码区	440<0211+-+01913124<0676->2-23/183<0602->>2/4>4/>>>0001879666845/34//563<0217+-+019>302+631005200410/1-1-09881346>952/0+8//-275+6*23>2
	纳税人识别号：	360111456987546			
	地址、电话：	南昌市洛阳东路489号			
	开户行及账号：	南昌市建行洪都大道洪都支行 3632542089754569			

货物或应税劳务名称	规格型号	单位	数量	单价	金额	税率	税额
铅笔		箱	800	330	264 000.00	13%	34 320.00
圆珠笔		箱	500	350	175 000.00	13%	22 750.00
合　计					439 000.00		57 070.00

价税合计（大写）	肆拾玖万陆仟零柒拾元整	（小写）￥496 070.00

销货单位	名　称：	江西美华笔业有限公司	备注
	纳税人识别号：	360106095365484	
	地址、电话：	江西省南昌市高新技术开发区金圣路456号	
	开户行及账号：	南昌建设银行丰源天域分理处 9553302020423210	

收款人：戴峰　　　复核：胡可君　　　开票人：李丽华　　　销货单位（章）

第一联 记账联 销售方记账凭证

图 6-12

出库单

2023 年 12月 3日　　　　　　　单号：0024

提货单位或领货部门		南昌市商贸有限公司		销售单号			发出仓库	成品仓库
编号	名称及规格		单位	数量		单价	金额	
				应发	实发			
	铅笔		箱	800	800	265	212,000.00	
	圆珠笔		箱	500	500	287	143,500.00	
	合计			1300	1300		¥ 355,500.00	

部门经理：万方　　　会计：　　　仓库：周星　　　经办人：李强

图 6-13

6.5 日，开出转账支票购买生产用不需要安装的机器设备一台 260 000.00 元，增值税税额 33 800.00 元，如图 6-14 ~ 图 6-16 所示。

<table>
<tr><td colspan="3">3601053131</td><td colspan="3">江西增值税专用发票</td><td colspan="3">No 00066782</td><td></td></tr>
<tr><td colspan="4"></td><td colspan="4">开票日期：2023年12月05日</td><td rowspan="10">第三联 发票联 购货方记账凭证</td></tr>
<tr><td rowspan="5">购货单位</td><td>名　　称：</td><td colspan="3">江西美华笔业有限公司</td><td colspan="4" rowspan="5">440<0211+-+01913124<0676->>2-23/183<0602->>2/4>>4/>>0001879666845/34//563<0217+-+019>302+631005200410/1-1-09881019>990/0+8//-452+3*46>3</td></tr>
<tr><td>纳税人识别号：</td><td colspan="3">360106095365484</td></tr>
<tr><td>地址、　电话：</td><td colspan="3">江西省南昌市高新技术开发区金圣路456号</td></tr>
<tr><td>开户行及账号：</td><td colspan="3">南昌建设银行丰源天域分理处</td></tr>
<tr><td></td><td colspan="3">9553302020423210</td></tr>
<tr><td colspan="2">货物或应税劳务名称</td><td>规格型号</td><td>单位</td><td>数量</td><td>单价</td><td>金额</td><td>税率</td><td>税额</td></tr>
<tr><td colspan="2">自动机床</td><td></td><td>台</td><td>1</td><td>260 000.00</td><td>260 000.00</td><td>13%</td><td>33 800.00</td></tr>
<tr><td colspan="2">合　　计</td><td></td><td></td><td></td><td></td><td>260 000.00</td><td></td><td>33 800.00</td></tr>
<tr><td colspan="2">价税合计（大写）</td><td colspan="4">贰拾玖万叁仟捌佰元整</td><td colspan="3">（小写）¥293 800.00</td></tr>
<tr><td rowspan="4">销货单位</td><td>名　　称：</td><td colspan="4">南昌市机械实业有限公司</td><td colspan="3" rowspan="4">备注</td><td></td></tr>
<tr><td>纳税人识别号：</td><td colspan="4">360111345875276</td></tr>
<tr><td>地址、　电话：</td><td colspan="4">南昌市系马桩248号</td></tr>
<tr><td>开户行及账号：</td><td colspan="4">南昌市建行永叔路支行3632542089589754</td></tr>
</table>

收款人：王华忠　　复核：刘璐　　开票人：刘芳　　销货单位（章）

图 6-14

中国建设银行
转账支票存根
A 12343226

附加信息

出票日期　2023年12月5日

收款人：南昌市机械实业有限公司
金额：¥293800.00
用途：设备款

单位主管 黄鲁　　会计 张晓红

图 6-15

中国建设银行 进账单（回单）

2023年12月5日

收款人	全称	南昌市机械实业有限公司	付款人	全称	江西美华笔业有限公司
	账号	3632542089589754		账号	9553302020423210
	开户行	南昌市建行永叔路支行		开户行	南昌建设银行丰源天域分理处
金额	人民币（大写）贰拾玖万叁仟捌佰元整			亿千百十万千百十元角分	¥ 2 9 3 8 0 0 0 0
票据种类	转账支票				
票据张数	1				
	复核　记账			持票人开户行签章	

南昌建行丰源天域分理处 2023.12.5 办讫

图 6-16

7. 6 日，出纳员签发现金支票提取现金 2 000. 00 元备用，如图 6-17 所示。

中国建设银行

现金支票存根

A 123438757

附加信息

出票日期　2023 年 12 月 6 日

收款人：江西美华笔业有限公司
金额：¥2000.00
用途：备用金

单位主管 黄静　会计 张晓红

图 6-17

8. 8 日，以现金支付办公用品费 860. 00 元，其中生产车间 400. 00 元，行政管理部门 460. 00 元，如图 6-18 和图 6-19 所示。

3601053123　**江西增值税专用发票**　№ 00067427

发票联

开票日期：2023年12月08日

购货单位	名　　称：江西美华笔业有限公司 纳税人识别号：360106095365484 地址、电话：江西省南昌市高新技术开发区金圣路456号 开户行及账号：南昌建设银行丰源天域分理处 9553302020423210			密码区	440<0211+-+01913124<0676->>2-23/18 3<0602->>2/4>>4/>>>0001879666845/3 4//563<0217+-+019>302+631005200410 /1-1-09881019>786/0+8//-275+6*46>1		
货物或应税劳务名称	规格型号	单位	数量	单价	金额	税率	税额
复印纸		包	40	19.0265	761.06	13%	98.94
合　　计					761.06		98.94
价税合计（大写）	捌佰陆拾元整			（小写）	¥860.00		
销货单位	名　　称：南昌市商贸有限公司 纳税人识别号：360111456987546 地址、电话：南昌市洛阳东路489号 开户行及账号：南昌市建行洪都大道洪都支行 3632542089754569			备注	南昌市商贸有限公司 360111456987546 发票专用章		

第三联 发票联 购货方记账凭证

收款人：王华忠　复核：刘璐　开票人：刘芳　销货单位（章）

图 6-18

办公用品费用分配表

2023年12月8日

部门名称	金额	备注
生产车间	400.00	
行政管理部门	460.00	
合计	860.00	

制单：张晓红

图 6-19

9. 8 日，收到南昌市伟博工厂上月欠款 30 000. 00 元，如图 6-20 所示。

中国建设银行 进账单（回单）

2023年12月8日

<table>
<tr><td rowspan="3">收款人</td><td>全称</td><td>江西美华笔业有限公司</td><td rowspan="3">付款人</td><td>全称</td><td colspan="11">南昌市伟博工厂</td></tr>
<tr><td>账号</td><td>9553302020423210</td><td>账号</td><td colspan="11">9553530201879458</td></tr>
<tr><td>开户行</td><td>南昌建设银行丰源天域分理处</td><td>开户行</td><td colspan="11">南昌市工商银行人民路办事处</td></tr>
<tr><td rowspan="2">金额</td><td colspan="4" rowspan="2">人民币（大写）叁万元整</td><td>亿</td><td>千</td><td>百</td><td>十</td><td>万</td><td>千</td><td>百</td><td>十</td><td>元</td><td>角</td><td>分</td></tr>
<tr><td></td><td></td><td></td><td>¥</td><td>3</td><td>0</td><td>0</td><td>0</td><td>0</td><td>0</td><td>0</td></tr>
<tr><td colspan="2">票据种类</td><td>转账支票</td><td colspan="13" rowspan="3">南昌建行丰源天域分理处
2023.12.8
办讫

持票人开户行签章</td></tr>
<tr><td colspan="2">票据张数</td><td>1</td></tr>
<tr><td colspan="3">复核　　记账</td></tr>
</table>

图 6-20

10. 9 日，王强出差回来，报销差旅费 1 940. 00 元，交回现金 310. 00 元，并结清以前欠款，如图 6-21 和图 6-22 所示。

差旅费报销单

单位：办公室　　2023年12月9日　　金额单位：元

<table>
<tr><td colspan="2" rowspan="2">起日</td><td colspan="2" rowspan="2">止日</td><td rowspan="3">合计天数</td><td colspan="6">各项补助费</td><td colspan="5">车船与杂支费</td><td rowspan="3">合计金额</td></tr>
<tr><td colspan="3">伙食补助费</td><td colspan="3">公杂费包干</td><td rowspan="2">火车费</td><td rowspan="2">汽车费</td><td rowspan="2">飞机费</td><td rowspan="2">住宿费</td><td rowspan="2">其他</td></tr>
<tr><td>月</td><td>日</td><td>月</td><td>日</td><td>天数</td><td>标准</td><td>金额</td><td>天数</td><td>标准</td><td>金额</td></tr>
<tr><td colspan="17">略</td></tr>
<tr><td colspan="17">合计人民币（大写）壹仟玖佰肆拾元整　　¥1940.00</td></tr>
<tr><td colspan="17">原借差旅费 2250.00 元　　报销 1940.00 元　　剩余交回 310.00 元</td></tr>
<tr><td colspan="4">出差事由</td><td colspan="13">购货</td></tr>
</table>

会计主管：黄静　　审核：张晓红　　制单：刘霞　　部门主管：陈真　　报销人：王强

图 6-21

收款收据

2023年12月9日　　　　　　　　　　　　　　第678号

交款单位或交款人	王强	收款方式	现金

事由　退回差旅费
人民币（大写）叁佰壹拾元整　　　　￥310.00

备注：

现金收讫

收款人：张婷　　　　　　　　　　　收款单位（盖章）

图 6-22

11.10 日，以银行存款缴纳上月增值税 87 000.00 元，城建税 6 090.00 元，教育费附加
2 610.00 元，如图 6-23 和图 6-24 所示。

建设银行电子缴税付款凭证

转账日期：2023年12月10日　　　　　　　　　　凭证字号：95561601

纳税人全称及纳税人识别号：江西美华笔业有限公司360106095365484

付款人全称：江西美华笔业有限公司

付款人账号：9553302020423210　　　征税机关名称：国家税务总局南昌市青山湖区税务局

付款人开户银行：南昌建设银行丰源天域分理处　收缴国库（银行）名称：国家金库南昌市青山湖区支库

小写（合计）金额：￥87 000.00　　　缴款书交易流水号：2023121001026032

大写（合计）金额：捌万柒仟元整　　　税票号码：361207911

税（费）种名称	所属日期	实缴金额
增值税	20231101-20231130	87 000.00

打印时间：2023年12月10日

会计流水号：　　　　　　复核：　　　　　记账：

第二联　作付款回单

图 6-23

建设银行电子缴税付款凭证

转账日期：2023年12月10日　　　　　　　　　　　　凭证字号：95561602

纳税人全称及纳税人识别号：江西美华笔业有限公司360106095365484

付款人全称：江西美华笔业有限公司

付款人账号：9553302020423210	征税机关名称：国家税务总局南昌市青山湖区税务局
付款人开户银行：南昌建设银行丰源天域分理处	收缴国库（银行）名称：国家金库南昌市青山湖区支库
小写（合计）金额：¥8 700.00	缴款书交易流水号：2023121001026033
大写（合计）金额：捌仟柒佰元整	税票号码：361207912

税（费）种名称	所属日期	实缴金额
城市维护建设税	20231101-20231130	6 090.00
教育费附加	20231101-20231130	2 610.00

第二联 作付款回单

打印时间：2023年12月10日

会计流水号：　　　　　　复核：　　　　　　记账：

图 6-24

12.12 日，收到南昌市商贸有限公司本月 3 日购货款 496 070.00 元，如图 6-25 所示。

中国建设银行 进账单（回单）

2023年12月12日

收款人	全称	江西美华笔业有限公司	付款人	全称	南昌市商贸有限公司											
	账号	9553302020423210		账号	9553530201879458											
	开户行	南昌建设银行丰源天域分理处		开户行	南昌市建行洪都大道洪都支行											
金额	人民币（大写）肆拾玖万陆仟零柒拾元整					亿	千	百	十	万	千	百	十	元	角	分
								¥	4	9	6	0	7	0	0	0
票据种类	转账支票															
票据张数	1															

复核　　　记账　　　　　　　　　　　　　　　持票人开户行签章

图 6-25

13. 13 日，开出转账支票偿付南昌东风工厂到期的商业汇票 160 000.00 元，如图 6-26 和图 6-27 所示。

中国建设银行
转账支票存根
A 12343125

附加信息
_____
_____

出票日期　2023年12月13日

| 收款人：南昌东风工厂 |
| 金额：¥160000.00 |
| 用途：购料款 |

单位主管　黄蓉　　　会计　张晓红

图 6-26

中国建设银行 进账单 （回单）

2023年12月13日

收款人	全称	南昌东风工厂	付款人	全称	江西美华笔业有限公司										
	账号	955569874569758		账号	9553302020423210										
	开户行	南昌市建设银行洪都支行		开户行	南昌建设银行丰源天域分理处	亿	千	百	十	万	千	百	十	元	角	分
金额	人民币（大写）壹拾陆万元整							¥	1	6	0	0	0	0	0	0
票据种类	转账支票														
票据张数	1														
	复核　　　记账				持票人开户行签章										

南昌建行丰源天域分理处
2023.12.13
办讫

图 6-27

14. 19 日，开出转账支票，归还短期借款 80 000.00 元，如图 6-28 和图 6-29 所示。

中国建设银行
转账支票存根
A 12343225

附加信息
_____
_____

出票日期　2023年12月19日

| 收款人：南昌建设银行丰源天域分理处 |
| 金额：¥80000.00 |
| 用途：还款 |

单位主管　黄蓉　　　会计　张晓红

图 6-28

中国建设银行 进账单（回单）

2023年12月19日

收款人		付款人	
全称	南昌建设银行丰源天域分理处	全称	江西美华笔业有限公司
账号	955569874536125	账号	9553302020423210
开户行	南昌建设银行丰源天域分理处	开户行	南昌建设银行丰源天域分理处

金额	亿	千	百	十	万	千	百	十	元	角	分
人民币（大写）捌万元整				¥	8	0	0	0	0	0	0

票据种类	转账支票
票据张数	1
复核　记账	持票人开户行签章

南昌建设银行丰源天域分理处 2023.12.19 办讫

图 6-29

15. 23 日，银行托收生产车间水电费 6 442. 00 元，如图 6-30～图 6-33 所示。

3601052321　　**江西增值税专用发票**　　№ 00065785

发票联

开票日期：2023年12月05日

购货单位	名　　称：江西美华笔业有限公司 纳税人识别号：360106095365484 地址、电话：江西省南昌市高新技术开发区金圣路456号 开户行及账号：南昌建设银行丰源天域分理处 9553302020423210	密码区	440<0211+-+01913124<0676->>2-23/183<0602->>2/4>>4/>>>0001879666845/34//563<0217+-+019>302+631005205610/1-1-09881017>786/0+8//-275+6*35>9

货物或应税劳务名称	规格型号	单位	数量	单价	金额	税率	税额
工业用电		度	1 800	1.76991	3 185.84	13%	414.16
合　计					3 185.84		414.16
价税合计（大写）	叁仟陆佰元整			（小写）	¥3 600.00		

销货单位	名　　称：南昌市供电局有限公司 纳税人识别号：360112346982367 地址、电话：南昌市洛阳东路892号 开户行及账号：南昌市建行洪都大道洪都支行 3632342986754287	备注：南昌市供电局有限公司 360112346982367 发票专用章

收款人：万华　　复核：徐飞　　开票人：彭芳　　销货单位（章）

第三联 发票联 购货方记账凭证

图 6-30

3601052319

江西增值税专用发票

发票联

No 00065671

开票日期：2023年12月08日

购货单位	名　　称：江西美华笔业有限公司 纳税人识别号：360106095365484 地址、电话：江西省南昌市高新技术开发区金圣路 开户行及账号：456号 南昌建设银行丰源天域分理处 9553302020423210	密码区	440<0211+-+01913124<0676->>2-23/18 3<0602->>2/4>>4/>>>0001879666845/3 4//563<0217+-+019>302+631005205610 /1-1-09881018>786/0+8//-275+6*26>8

货物或应税劳务名称	规格型号	单位	数量	单价	金额	税率	税额
自来水费		吨	812	3.21101	2 607.34	9%	234.66
合　　计					2 607.34		234.66

价税合计（大写）	贰仟捌佰肆拾贰元整	（小写）¥2 842.00

销货单位	名　　称：南昌市自来水有限公司 纳税人识别号：360112346987789 地址、电话：南昌市南京东路368号 开户行及账号：南昌市建行洪都大道洪都支行 3632342036754583	备注	南昌市自来水有限公司 360112346987789 发票专用章

收款人：钱晓华　　　复核：朱璐璐　　　开票人：王香草　　　销货单位（章）

第三联　发票联　购货方记账凭证

图 6-31

委托收款凭证

委托日期2023年12月23日　　　流水号：202312230226

付款人	全称	南昌建设银行丰源天域分理处	收款人	全称	南昌市自来水有限公司
	账号	955569874536125		账号	3632342036754583
	开户行	南昌建设银行丰源天域分理处		开户行	南昌市建行洪都大道洪都支行

委收金额	（大写）人民币贰仟捌佰肆拾贰元整	（小写）¥2 842.00		
款项内容		合同号	凭证张数	1
水费	¥2 842.00	注意事项： 1.上列款项为见票全额付款 2.上列款项若有误请与收款单位协商解决		

南昌建行丰源天域分理处
2023.12.23
办讫

会计　　　　复核　　　　记账　　　　支付日期2023年12月23日

图 6-32

委托收款凭证

委托日期2023年12月23日　　　流水号：202312230212

付款人	全称	南昌建设银行丰源天域分理处	收款人	全称	南昌市供电局有限公司
	账号	955569874536125		账号	3632342986754287
	开户行	南昌建设银行丰源天域分理处		开户行	南昌市建行洪都大道洪都支行

委收金额	（大写）人民币叁仟陆佰元整	（小写）¥3 600.00		
款项内容		合同号		附寄单据张数	1
电费	¥3 600.00	注意事项： 1.上列款项为见票全额付款 2.上列款项若有误请与收款单位协商解决		

会计　　　复核　　　记账　　　支付日期2023年12月23日

图 6-33

16. 25 日，月末财产清理发现笔用塑料盘盈 28 千克，计 56.00 元，圆珠笔品盘亏 1 箱，计 287.00 元，待批准处理。经批准，盘盈笔用塑料直接冲销管理费用，盘亏圆珠笔为被盗，该损失由责任人何丽赔偿 20%，其余做营业外支出处理，如图 6-34 和图 6-35 所示。

存货盘点报告表

企业名称：江西美华笔业有限公司　　2023年12月25日　　金额单位：元

存货类别	存货名称	计量单位	单价	期末账存	期末实存	盘盈数量	盘盈金额	盘亏数量	盘亏金额	原因
原材料	笔用塑料	千克	2.00	280	308	28	56.00			待查
产成品	圆珠笔	箱	287.00	121	120			1	287.00	待查

审核人：黄慧　　　监盘人员：王武　　　盘点人员：张晓红

图 6-34

盘盈盘亏处理报告

本公司月末盘点发现笔用塑料盘盈28千克，计56.00元，圆珠笔品盘亏1箱，计287.00元。经核查，原因已明确并进行处理。笔用塑料直接冲销管理费用，盘亏圆珠笔为被盗，该损失由责任人何丽赔偿20%，其余做营业外支出处理。

江西美华笔业有限公司
2023年12月25日

图 6-35

17. 30 日，为生产铅笔领用其他材料 40 千克，单位成本 10.00 元；木材 10 捆，单位成本 120.00 元。为生产圆珠笔领用笔用塑料 1 600 千克，单位成本 2.00 元；笔用金属 1 800 千克，单位成本 3.00 元，如图 6-36 所示。

领料单

领用单位：生产部门　　　　2023年12月30日　　　　编号：00047

材料类别	材料编号	材料名称及规格	计量单位	数量 请领	数量 实发	单价	金额
原材料		其他材料	千克	40	40	10.00	400.00
原材料		木材	捆	10	10	120.00	1 200.00
原材料		笔用塑料	千克	1 600	1 600	2.00	3 200.00
原材料		笔用金属	千克	1 800	1 800	3.00	5 400.00
备注：						合计	¥10 200.00

仓库保管员：周星　　　　领料部门负责人：景红　　　　领料人：孝强

图 6-36

18. 31 日，按规定计提本月固定资产折旧 18 600 元。其中，生产用固定资产折旧12 000元，管理部门用固定资产折旧6 600元，如图 6-37 所示。

固定资产折旧计算表

2023年12月31日　　　　　　　　　　　　　　单位：元

固定资产类别	上月计提 原值	上月计提 折旧	上月增加 原值	上月增加 折旧	上月减少 原值	上月减少 折旧	本月计提 原值	本月计提 折旧
生产用	359400	12000						12000
管理部门用	878000	6600						6600
合计	4472000	18600						18600

会计主管　　　　　　　　　　　　　　　制单 张晓红

图 6-37

19. 31 日，计提本月应摊销的短期借款利息 1 800.00 元，如图 6-38 所示。

银行借款利息计算表

2023年12月31日　　　　　　　　　　单位：元

借款种类	计息积数	利率	本月应计利息	备注
短期借款			1 800.00	
合计			¥1 800.00	

会计主管　　　　　　　　　　　　　　制单 张晓红

图 6-38

20. 31 日，计算结转本月职工工资 36 800.00 元，其中，生产铅笔工人 9 800.00 元，生产圆珠笔工人工资 13 600.00 元，车间管理人员工资 6 800.00 元，行政管理人员 6 600.00 元，如图 6-39 和图 6-40 所示。

工资结算汇总表

2023年12月31日   单位：元

车间部门	人员类别	应付工资			实发工资
		计时工资	计件工资	应付工资	
基本生产车间	铅笔	略	略	9 800.00	9 800.00
	圆珠笔	略	略	13 600.00	13 600.00
	管理人员	略	略	6 800.00	6 800.00
行政管理部门				6 600.00	6 600.00
合计				¥36 800.00	¥36 800.00

主管   制单 张晓红

图 6-39

工资分配计算表

2023年12月31日   单位：元

科目	批次/产品	金额
生产成本——铅笔		9 800.00
生产成本——圆珠笔		13 600.00
制造费用		6 800.00
管理费用		6 600.00
合计		¥36 800.00

主管   会计 张晓红

图 6-40

21. 31 日，将本月发生的制造费用按生产工时比例分配转入铅笔、圆珠笔制造成本，铅笔 200 小时，圆珠笔 220 小时，如图 6-41 所示。

制造费用分配表

2023年12月31日

产品名称	分配标准	分配率	分配金额
铅笔			
圆珠笔			
合计			

会计主管   制单

图 6-41

22. 31 日，计算结转本月完工产品成本铅笔 90 箱，圆珠笔 124 箱（假设产品全部完工），如图 6-42、图 6-43 和图 6-44 所示。

产品成本计算单

2023年12月31日

产品名称：铅笔   完工产品数量：

项目	直接材料	直接人工	制造费用	合计
期初在产品				
本月发生额				
合计				
完工产品成本				
期末在产品成本				
单位成本				

会计主管   制单

图 6-42

产品成本计算单

2023年12月31日

产品名称：圆珠笔   完工产品数量：

项目	直接材料	直接人工	制造费用	合计
期初在产品				
本月发生额				
合计				
完工产品成本				
期末在产品成本				
单位成本				

会计主管   制单

图 6-43

完工产品入库单

2023年12月31日   编号：

交来单位及部门		验收仓库	产成品库	入库日期			
编号	名称		单位	数量		实际价格	
				交库	实收	单价	金额
	铅笔						
	圆珠笔						
	合计						

会计   经办人   制单

图 6-44

23. 31 日，月末将各个损益类账户余额转入本年利润账户。

24. 31 日，按本月实现利润的 25% 计算应交所得税并结转，如图 6-45 所示。

应交所得税计算表

2023年12月31日　　　　　　　　　　　　　　单位：元

本月会计利润	纳税调整	应纳税所得额	税率	税额

会计主管　　　　　　　　　　　　　　　　　制单

图 6-45

25. 31 日，将全年净利润转入"利润分配"账户。

26. 31 日，按全年净利润的 10% 提取法定盈余公积，按全年净利润的 15% 提取任意盈余公积，如图 6-46 所示。

盈余公积计算表

2023年12月31日　　　　　　　　　　　　　　单位：元

项目	本年净利润	计提比例	金额	备注

会计主管　　　　　　　　　　　　　　　　　制单

图 6-46

27. 31 日，按全年净利润的 20% 计算应付投资者利润，如图 6-47 所示。

投资者利润计算表

2023年12月31日　　　　　　　　　　　　　　单位：元

本年净利润	计提比例	金额	备注
	20%		

会计主管　　　　　　　　　　　　　　　　　制单

图 6-47

28. 31 日，将"利润分配"账户的明细账户除"未分配利润"账户外，其余账户结转为零。

（六）根据记账凭证登记各种日记账

（七）登记各种明细分类账

（八）根据记账凭证编制科目汇总表

（九）根据科目汇总表登记总账

（十）根据总分类账和明细分类账的记录，编制会计报表

资产负债表和利润表分别见表 6-10 和表 6-11。

表 6-10　资产负债表

会企 01 表

编制单位：　　　　　　　　　　　年　月　日　　　　　　　　　　　　单位：元

资　产	期末余额	上年年末余额	负债和所有者权益（或股东权益）	期末余额	上年年末余额
流动资产：			流动负债：		
货币资金			短期借款		
交易性金融资产			交易性金融负债		
衍生金融资产			衍生金融负债		
应收票据			应付票据		
应收账款			应付账款		
应收款项融资			预收款项		
预付款项			合同负债		
其他应收款			应付职工薪酬		
存货			应交税费		
合同资产			其他应付款		
持有待售资产			持有待售负债		
一年内到期的非流动资产			一年内到期的非流动负债		
其他流动资产			其他流动负债		
流动资产合计			流动负债合计		
非流动资产：			非流动负债：		
债权投资			长期借款		
其他债权投资			应付债券		
长期应收款			其中：优先股		
长期股权投资			永续债		
其他权益工具投资			租赁负债		
其他非流动金融资产			长期应付款		
投资性房地产			预计负债		
固定资产			递延收益		
在建工程			递延所得税负债		
生产性生物资产			其他非流动负债		
油气资产			非流动负债合计		
使用权资产			负债合计		

资　产	期末余额	上年年末余额	负债和所有者权益（或股东权益）	期末余额	上年年末余额
无形资产			所有者权益（或股东权益）：		
开发支出			实收资本（或股本）		
商誉			其他权益工具		
长期待摊费用			其中：优先股		
递延所得税资产			永续债		
其他非流动资产			资本公积		
非流动资产合计			减：库存股		
			其他综合收益		
			专项储备		
			盈余公积		
			未分配利润		
			所有者权益（或股东权益）合计		
资产总计			负债和所有者权益（或股东权益）总计		

表6-11　利润表

会企02表

编制单位：　　　　　　　　　　年度　　　　　　　　　　单位：元

项　目	本期金额	上期金额
一、营业收入		
减：营业成本		
税金及附加		
销售费用		
管理费用		
研发费用		
财务费用		
其中：利息费用		
利息收入		
加：其他收益		
投资收益（损失以"－"号填列）		
其中：对联营企业和合营企业的投资收益		

续表

项　　目	本期金额	上期金额
以摊余成本计量的金融资产终止确认收益（损失以"－"号填列）		
净敞口套期收益（损失以"－"号填列）		
公允价值变动收益（损失以"－"号填列）		
减值损失（损失以"－"号填列）		
资产减值损失（损失以"－"号填列）		
资产处置收益（损失以"－"号填列）		
二、营业利润（亏损以"－"号填列）		
加：营业外收入		
减：营业外支出		
三、利润总额（亏损总额以"－"号填列）		
减：所得税费用		
四、净利润（净亏损以"－"号填列）		
（一）持续经营净利润（净亏损以"－"号填列）		
（二）终止经营净利润（净亏损以"－"号填列）		
五、其他综合收益的税后净额		
六、综合收益总额		
七、每股收益		
（一）基本每股收益		
（二）稀释每股收益		

四、测一测：初级会计资格考试练习题

练习题一

(一) 单项选择题（每题 1 分，共 20 分）

1. 企业固定资产可以按照其价值和使用情况，确定采用某一方法计提折旧，它所依据的会计前提是（　　）。

A. 会计主体　　　　　B. 持续经营　　　　　C. 会计分期　　　　　D. 货币计量

2. 下列表述中，属于会计核算特点的是（　　）。

A. 具有可靠性、相关性和可理解性

B. 具有可比性、一致性和时效性

C. 具有完整性、连续性和系统性

D. 具有谨慎性、及时性和重要性

3. 假设某公司期初资产总额为 540 万元，期末资产总额为 870 万元，有可能发生的业务是（　　）。

A. 预收某公司货款 330 万元　　　　　　B. 用银行存款 330 万元购买材料

C. 将现金 330 万元存入银行　　　　　　D. 用银行存款偿还借款 330 万元

4. 下列账户中，属于流动资产账户的是（　　）。

A. 固定资产　　　　B. 长期应收款　　　　C. 在建工程　　　　D. 库存现金

5. 某账户期末余额为 147 600 元，本期增加发生额有三笔，分别为 12 199 元、4 503 元、158 元，期初余额为 377 698 元，则该账户的本期减少发生额为（　　）元。

A. 542 158　　　　B. 246 958　　　　C. 508 438　　　　D. 517 444

6. 下列各账户，年末应无余额的是（　　）。

A. 生产成本　　　　B. 所得税费用　　　　C. 盈余公积　　　　D. 应交税费

7. 下列各观点中，正确的是（　　）。

A. 从某个会计分录看，其借方账户与贷方之间互为对应账户

B. 从某个企业看，其全部借方账户与全部贷方账户之间互为对应账户

C. 试算平衡的目的是查看企业的全部账户的借贷方金额合计是否相等

D. 复合会计分录是指同时存在 2 个以上借方账户和 2 个以上贷方账户的会计分录

8. 将现金送存银行，应编制（　　）凭证。

A. 现金收款　　　　B. 现金付款　　　　C. 银行收款　　　　D. 银行转账

9. 某企业购买材料一批，买价 3 000 元，增值税进项税额为 390 元，运杂费 200 元，开出商业汇票支付，但材料尚未收到，应贷记（　　）科目。

A. 原材料　　　　B. 材料采购　　　　C. 银行存款　　　　D. 应付票据

10. 下列不通过制造费用核算的是（　　）。

A. 生产用设备的日常修理费用　　　　　B. 车间的折旧费

C. 车间的办公费　　　　　　　　　　　D. 车间的机物料消耗

11. 结转产品销售成本时，应借记（　　）科目。

A. 主营业务成本　　　B. 生产成本　　　C. 库存商品　　　D. 主营业务收入

12. 下列不能作为原始凭证核算的是（　　）。

A. 差旅费报销单　　　　　　　　　　　B. 领料单

C. 银行存款余额调节表　　　　　　　　D. 现金盘点报告表

13. 从银行提取现金登记库存现金日记账的依据是（　　）。

A. 库存现金收款凭证　　　　　　　　　B. 银行存款收款凭证

C. 库存现金付款凭证　　　　　　　　　D. 银行存款付款凭证

14. 根据明细分类账的登记方法，下列明细账中应该逐日逐笔登记的是（　　）。

A. 收入明细账　　　　　　　　　　　　B. 材料明细账

C. 固定资产明细账　　　　　　　　　　D. 费用明细账

15. 在下列有关账项核对中，不属于账账核对的内容是（　　）。

A. 银行存款日记账余额与银行对账单余额的核对

B. 银行存款日记账余额与其总账余额的核对

C. 总账账户借方发生额合计与其明细账借方发生额合计的核对

D. 总账账户贷方余额与其明细账贷方余额合计的核对

16. 如果会计凭证中会计科目错误，并据以登记入账，则正确的更正方法是（　　）。

A. 划线更正　　　　　　　　　　　　B. 红字更正法

C. 补充登记法　　　　　　　　　　　D. 涂改或挖补法

17. 库存现金清查中对无法查明原因的长款，经批准应记入（　　）。

A. 其他应收款　　　　　　　　　　　B. 其他应付款

C. 营业外收入　　　　　　　　　　　D. 管理费用

18. 下列关于财产物资盘亏的各项中，正确的是（　　）。

A. 实存数大于账存数　　　　　　　　B. 实存数小于账存数

C. 实存数等于账存数　　　　　　　　D. 由于记账差错少记的金额

19. 账户式资产负债表分为左右两方，其中左方为（　　）。

A. 资产项目，按资产的流动性大小顺序排列

B. 资产项目，按资产的流动性由小到大顺序排列

C. 负债及所有者权益项目，一般按求偿权先后顺序

D. 负债及所有者权益项目，按短期负债、长期负债、所有者权益顺序排列

20. 下列各项中，作为资产负债表中资产排列顺序依据的是（　　）。

A. 资产的收益性　　　　　　　　　　B. 资产的重要性

C. 资产的流动性　　　　　　　　　　D. 资产的时间性

（二）多项选择题（每题2分，共30分）

1. 下列关于会计特征的表述中，正确的有（　　）。

A. 会计是一种经济管理活动　　　　　B. 会计是一个经济信息系统

C. 会计采用一系列专门的方法　　　　D. 会计以货币作为主要计量单位

2. 下列企业内部部门中，可以作为一个会计主体单独进行核算的有（　　）。

A. 分公司　　　　　B. 营业部　　　　　C. 生产车间　　　　　D. 事业部

3. 下列属于资产要素的项目有（　　）。

A. 无形资产　　　　B. 材料采购　　　　C. 预收账款　　　　D. 预付账款

4. 下列各项经济业务中，能引起会计等式左右两边会计要素同时变动的有（　　）。

A. 收到某单位前欠货款存入银行

B. 以银行存款偿还银行借款

C. 收到某单位投入机器设备一台

D. 以银行存款购买材料（不考虑增值税）

5. 下列各项中，属于营业成本的有（　　）。

A. 主营业务成本　　B. 其他业务成本　　C. 营业外成本　　　D. 产品成本

6. 关于借贷记账法，下列说法正确的是（　　）。

A. 有借必有贷　　　B. 借贷必相等　　　C. 只可一借一贷　　D. 可一借多贷

7. 某企业2023年损益类账户期末结账的余额如下：主营业务收入50 000元（贷）、主营业务成本20 000元（借）、税金及附加3 000元（借）、销售费用2 000元（借）、其他业务收入10 000元（贷）、其他业务成本5 000元（借）、所得税费用5 000元（借）。年末结转各损益类账户应编制的分录有（　　）。

A. 借：主营业务收入   50 000

       其他业务收入   10 000

       贷：本年利润   25 000

           主营业务成本   20 000

           税金及附加   3 000

           销售费用   2 000

           其他业务成本   5 000

           所得税费用   5 000

B. 借：主营业务收入   50 000

       其他业务收入   10 000

       贷：本年利润   60 000

C. 借：本年利润   35 000

       贷：主营业务成本   20 000

           税金及附加   3 000

           销售费用   2 000

           其他业务成本   5 000

           所得税费用   5 000

D. 借：本年利润   60 000

       贷：主营业务收入   50 000

           其他业务收入   10 000

8. 下列各项中，属于按照投资主体不同划分的投入资本金有（　　　）。

A. 国家资本金　　　　B. 法人资本金　　　　C. 个人资本金　　　　D. 外商资本金

9. 下列各项中，应作为期间费用核算的有（　　　）。

A. 生产工人薪酬　　　　　　　　　　B. 生产设备的折旧费

C. 销售产品的广告费　　　　　　　　D. 行政管理人员薪酬

10. 下列各类账户期末若有余额，其余额一般在借方的有（　　　）。

A. 资产类账户　　　　B. 负债类账户　　　　C. 成本类账户　　　　D. 收入类账户

11. 原始凭证的合法性审核的内容包括（　　　）。

A. 是否符合国家有关政策、法规和制度等规定

B. 是否符合规定的审核权限

C. 是否符合规定的审核程序

D. 有无财务主管核准签章

12. 下列经济业务应编制收款凭证的是（　　　）。

A. 从银行提取现金 3 000 元备用

B. 将现金 50 000 元存入银行

C. 销售产品 35 100 元货款存入银行

D. 收回甲单位前欠货款 20 000 元

13. 下列各项反映账页内容的有（　　　）。

A. 记账人员签字　　　　　　　　　　B. 登记账簿的日期

C. 账户名称　　　　　　　　　　　　D. 总页次和分户页次

14. 下列需要划双红线的有（　　）。

A. 在"本月合计"的下面

B. 在"本年累计"的下面

C. 在 12 月末的"本年累计"的下面

D. 在"本年合计"下面

15. 下列各项中，属于登记明细分类账时应注意事项的有（　　）。

A. 固定资产明细账应逐日逐笔登记

B. 债权、债务明细账应逐日逐笔登记

C. 库存商品、原材料、产成品收发明细账可逐笔登记，也可定期汇总登记

D. 收入、费用明细账可逐笔登记，也可定期汇总登记

（三）判断题（每题 1 分，共 10 分）

1. 为了了解每一个单位的财务状况、经营成果和现金流量，要求必须对核算单位做出人为的限制和规定，这就形成了会计主体假设。　　　　　　　　　　　　　（　　）

2. 收付实现制是以收到或支付的现金作为确认收入和费用的依据。　　　（　　）

3. 本月收到上月销售产品的货款存入银行，权责发生制下，不能作为本月的收入。（　　）

4. 债务是企业承担的需要偿付的现时义务。　　　　　　　　　　　　　（　　）

5. 企业将闲置不用的五间办公室临时租给其他单位使用，这五间办公室是企业的资产。

（　　）

6. 会计账户是以会计科目为名称的，两者反映的内容是一致的。　　　　（　　）

7. 凡是借方余额的账户，均属于资产类账户。　　　　　　　　　　　　（　　）

8. 财务费用年末结转后无余额。　　　　　　　　　　　　　　　　　　（　　）

9. 在所有的账户中，左边均登记增加额，右方均登记减少额。　　　　　（　　）

10. 预付账款属于企业的资产，核算的是企业销售货物预先收到的款项。　（　　）

（四）业务题（每题 20 分，共 40 分）

1. 鑫益公司 2023 年 12 月最后三天的银行存款日记账和银行对账单的有关记录见表 6-12 和表 6-13。

表 6-12　鑫益公司银行存款日记账的记录

日　期	摘　要	金　额
12 月 29 日	因销售商品收到 98# 转账支票一张	15 000
12 月 29 日	开出 78# 现金支票一张	1 000
12 月 30 日	收到 A 公司交来的 355# 转账支票一张	3 800
12 月 30 日	开出 105# 转账支票以支付贷款	11 700
12 月 31 日	开出 106# 转账支票支付明年报刊订阅费	500
	月末余额	153 200

表 6-13　鑫益公司银行对账单的有关记录

日　期	摘　要	金　额
12 月 29 日	支付 78# 现金支票	1 000
12 月 29 日	收到 98# 转账支票	15 000
12 月 30 日	收到托收的贷款	25 000
12 月 30 日	支付 105# 转账支票	11 700
12 月 31 日	结转银行结算手续费	100
	月末余额	174 800

要求：代鑫益公司完成表 6-14 所示错账更正后的银行存款余额调节表的编制。

表 6-14　银行存款余额调节表

编制单位：鑫益公司　　　　　　　2023 年 12 月 31 日　　　　　　　单位：元

项　目	金　额	项　目	金　额
企业银行存款日记账余额		银行对账单余额	
加：银行已收企业未收的款项合计	（1）	企业已收，银行未收	（3）
减：银行已付企业未付的款项合计	（2）	企业已付，银行未付	（4）
调节后余额		调节后余额	（5）

2. 某公司为制造企业，增值税一般纳税人，原材料核算采用实际成本法，2023 年 7 月初 A 产品在产品成本为 10 000 元。7 月份发生下列交易或事项：（1）本月生产车间领用 X 材料 63 420 元，Y 材料 44 910 元，用于生产 A、B 产品，并以 A、B 产品的完工产品数量为标准分配计入 A、B 成本，本月 A 产品完工 200 件，B 产品完工 300 件。（2）本月生产 A 产品的生产工人工资为 26 200 元。（3）本月生产车间计提固定资产折旧费 24 000 元。（4）本月分配至 A 产品的制造费用为 69 410 元，A 产品月末在产品 100 件，在产品成本为 18 000 元。

要求根据上述资料进行下列计算分析：

（1）编制业务（2）所述交易或事项的会计分录。

（2）编制业务（3）所述交易或事项的会计分录。

（3）编制业务（4）所述交易或事项的会计分录。

（4）本月 A 产品的完工产品总成本为（　　）元。

（5）7 月末 A 产品在资产负债表"存货"项目中的计列金额为（　　）元。

（该题不要求设置明细）

练习题二

（一）单项选择题（每题 1 分，共 20 分）

1. 会计分期是建立在（　　）基础上的。

A. 会计主体　　　　　　　　　　　　B. 权责发生制原则

C. 持续经营　　　　　　　　　　　　D. 货币计量

2. 我国企业会计准则规定，企业的会计核算应当以（　　）为基础。

A. 权责发生制　　　　B. 实地盘存制　　　　C. 永续盘存制　　　　D. 收付实现制

3. 明晰企业产权关系的重要标志是（　　）。

A. 资产　　　　　　　B. 资本　　　　　　　C. 借款额　　　　　　D. 利润

4. 流动资产指可以在（　　）变现的资产。

A. 1 年内

B. 一个营业周期内

C. 一定会计期间内

D. 1 年内或超过 1 年的一个营业周期内

5. 下列各项中，表述正确的是（　　）。

A. "生产成本"和"制造费用"都是反映劳务成本的科目

B. "生产成本"和"劳务成本"都是反映劳务成本的科目

C. "生产成本"和"制造费用"都是反映制造成本的科目

D. "制造费用"和"劳务成本"都是反映制造成本的科目

6. 根据资产与权益的恒等关系以及借贷记账法的记账规则，检查所有科目记录是否正确的过程称为（　　）。

A. 复式记账　　　　　B. 对账　　　　　　　C. 试算平衡　　　　　D. 查账

7. 下列经济业务会引起负债减少的是（　　）。

A. 购入材料，款项未付　　　　　　　B. 从银行提取现金备发工资

C. 以银行存款上交增值税　　　　　　D. 从银行借入一年期的借款

8. 企业购买一台无须安装的设备，买价 100 万元，增值税 13 万元，运杂费 3 万元，款项以银行存款支付，则固定资产的入账价值为（　　）万元。

A. 100　　　　　　　B. 103　　　　　　　C. 113　　　　　　　D. 116

9. 某企业月初资产总计为 90 000 元，负债 72 000 元，则所有者权益为（　　）元。

A. 90 000　　　　　　B. 18 000　　　　　　C. 72 000　　　　　　D. 162 000

10. 某企业库存商品期末比期初增加 4 000 元，本期完工入库的库存商品为 7 000 元。则本期"库存商品"账户的贷方发生额应为（　　）元。

A. 3 000　　　　　　B. 11 000　　　　　　C. 4 000　　　　　　D. 7 000

11. 通过试算平衡能够发现的错误是（　　）。

A. 重记经济业务　　B. 漏记经济业务　　C. 借贷方向相反　　D. 借贷金额不等

12. 原始凭证和记账凭证的保管期限为（　　）年。

A. 15　　　　　　　B. 25　　　　　　　C. 30　　　　　　　D. 10

13. （　　）是记录经济业务，明确经济责任，作为登账依据的书面证明。

A. 会计要素　　　　B. 会计账户　　　　C. 会计凭证　　　　D. 会计报表

14. 日记账的最大特点是（　　）。

A. 按现金和银行存款分别设置账户

B. 可以提供现金和银行存款的每日发生额

C. 可以提供现金和银行存款的每日静态、动态资料

D. 逐日逐笔顺序登记并随时结出当日余额

15. 下列各种方法中，适用于记账后发现账簿错误是由于记账凭证中会计科目运用错误引起的情况的是（　　　）。

　　A. 划线更正法　　　　B. 红字更正法　　　　C. 补充登记法　　　　D. 平行登记法

16. 甲企业为一家大型商业流通企业，主要经销家电产品，其账务处理使用汇总记账凭证账务处理程序。下列各项中，属于甲企业月末登记总账依据的是（　　　）。

　　A. 原始凭证　　　　　　　　　　　　B. 原始凭证汇总表

　　C. 记账凭证　　　　　　　　　　　　D. 汇总记账凭证

17. 下列各项对财产清查的表述中，不正确的是（　　　）。

　　A. 对于债权和债务，应每月至少核对一次

　　B. 现金应由出纳人员在每日业务终了时清点

　　C. 对于银行存款和银行借款，应由出纳人员每月同银行核对一次

　　D. 对于材料、在产品和产成品除年度清查外，应有计划地每月重点抽查，对于贵重物品，应每月清查盘点一次

18. 下列项目中，不属于期间费用的是（　　　）。

　　A. 制造费用　　　　　B. 管理费用　　　　　C. 财务费用　　　　　D. 销售费用

19. 在下列项目中，不属于资产负债表项目的是（　　　）。

　　A. 实收资本　　　　　B. 原材料　　　　　　C. 固定资产　　　　　D. 货币资金

20. 资产负债表是反映企业某一特定日期（　　　）的会计报表。

　　A. 权益变动情况　　　　　　　　　　B. 财务状况

　　C. 经营成果　　　　　　　　　　　　D. 现金流量

（二）多项选择题（每题2分，共30分）

1. 企业的生产经营活动通常包括供应、生产和销售三个阶段，下列各项中，属于供应过程的有（　　　）。

　　A. 建造厂房　　　　　B. 购买设备　　　　　C. 购买原材料　　　　D. 购买生产线

2. 下列各项中，属于会计核算基本假设的有（　　　）。

　　A. 会计主体假设　　　B. 持续经营假设　　　C. 会计分期假设　　　D. 货币计量假设

3. 根据会计等式可知，下列经济业务不会发生的有（　　　）。

　　A. 资产增加，负债减少，所有者权益不变

　　B. 资产不变，负债增加，所有者权益增加

　　C. 资产有增有减，权益不变

　　D. 债权人权益增加，所有者权益减少，资产不变

4. 下列等式，属于正确的会计等式的有（　　　）。

　　A. 资产 = 负债 + 所有者权益　　　　　B. 收入 - 费用 = 利润

　　C. 资产 - 负债 = 所有者权益　　　　　D. 收入 + 费用 = 利润

5. 在下列描述中，正确的有（　　　）。

　　A. 总分类科目对明细科目具有统驭和控制作用

　　B. 总分类科目和明细科目都是财政部统一制定的

　　C. 总分类科目提供的是总括信息

　　D. 明细科目提供的是详细信息

6. 下列选项中，不影响试算平衡的有（   ）。

A. 借贷方向颠倒 　　　　　　　　　　B. 借贷科目用错

C. 漏记某项经济业务 　　　　　　　　D. 重记某项经济业务

7. 下列账户中，属于负债类账户的有（   ）。

A. "应付账款" 　　　B. "预收账款" 　　　C. "预付账款" 　　　D. "本年利润"

8. 甲公司为增值税一般纳税人。2023 年 12 月 12 日，与乙公司签订材料采购合同，并按约定预付货款 200 000 元。12 月 28 日，甲公司收到乙公司发来的材料，取得的增值税专用发票上记载的价款为 300 000 元，增值税额为 39 000 元，甲公司当即以银行存款补付货款。对于上述业务，甲公司应编制的会计分录有（   ）。

A. 借：预付账款　　　　　　　　　　　　　　　　　200 000

　　　贷：银行存款　　　　　　　　　　　　　　　　　　　200 000

B. 借：原材料　　　　　　　　　　　　　　　　　　300 000

　　　应交税费——应交增值税（进项税额）　　　　　39 000

　　　贷：预付账款　　　　　　　　　　　　　　　　　　　339 000

C. 借：原材料　　　　　　　　　　　　　　　　　　300 000

　　　应交税费——应交增值税（进项税额）　　　　　39 000

　　　贷：预付账款　　　　　　　　　　　　　　　　　　　200 000

　　　　　应付账款　　　　　　　　　　　　　　　　　　　139 000

D. 借：预付账款　　　　　　　　　　　　　　　　　139 000

　　　贷：银行存款　　　　　　　　　　　　　　　　　　　139 000

9. 借贷记账法下，账户的借方登记（   ）。

A. 资产的增加 　　　　　　　　　　　B. 费用的增加

C. 所有者权益的减少 　　　　　　　　D. 负债的增加

10. 企业从外地购入一批原材料，双方协议用商业汇票结算，则应（   ）。

A. 借记"在途物资"

B. 借记"应交税费——应交增值税（进项税额）"

C. 贷记"应付票据"

D. 贷记"预付账款"

11. 记账凭证必须有（   ）等有关人员签章。

A. 会计主管 　　　B. 记账 　　　C. 单位负责人 　　　D. 审核

12. 下列各项属于一次原始凭证的有（   ）。

A. 购货发票 　　　B. 收款收据 　　　C. 火车票 　　　D. 限额领料单

13. 总分类账户与明细分类账户的平行登记，主要概括为（   ）。

A. 同金额登记 　　　　　　　　　　　B. 同方向登记

C. 同依据登记 　　　　　　　　　　　D. 同期间登记

14. 采用划线更正错误的数字时，正确的做法是（   ）。

A. 将错误数字全部划销 　　　　　　　B. 只划销写错的个别数字

C. 划销的数字，原有字迹仍能辨认 　　D. 划销的数字应全部涂抹

15. 下列关于会计账簿启用的说法中，正确的有（　　　　）。

A. 启用会计账簿时，应在账簿封面上写明单位名称和账簿名称

B. 启用会计账簿时，应在账簿扉页上附启用表

C. 启用订本式账簿时，应当从第一页到最后一页顺序编定页数，不得跳页、缺号

D. 在年度开始，启用新账簿时，应把上年度的年末余额记入新账的第一行

（三）判断题（每题 1 分，共 10 分）

1. 会计主体为会计核算确定空间范围，会计分期为会计核算确定时间范围。（　　）

2. 会计除了核算和监督职能外，还有预测、决策、分析等职能。（　　）

3. 权责发生制和收付实现制两种不同会计基础的形成，是基于持续经营假设。（　　）

4. 费用一定会导致所有者权益的减少。（　　）

5. 收入是指企业在销售商品、提供劳务及让渡资产使用权等日常活动中所形成的现金或者银行存款的总流入。（　　）

6. 企业可以根据自身经营活动的实际情况，增加、减少或者合并某些会计要素。（　　）

7. 应收账款账户借方登记的是应收款项的增加数。（　　）

8. 凡是余额在借方的，都是资产类账户。（　　）

9. 企业利润的分配（或亏损的弥补）应通过"利润分配"科目进行。（　　）

10. 月末结转利润后，"本年利润"科目如为贷方余额，表示自年初至本月末累计实现的盈利。（　　）

（四）业务题（每题 20 分，共 40 分）

1. 汇丰公司 2023 年 7 月月末结账前的损益类账户余额见表 6-15。

表 6-15　汇丰公司 2023 年 7 月月末结账前的损益类账户余额

科目名称	借方发生额	贷方发生额
主营业务收入		420 000
其他业务收入		64 000
主营业务成本	275 000	
其他业务成本	50 000	
税金及附加	15 000	
销售费用	10 000	
管理费用	32 000	
财务费用	10 000	
投资收益		8 000
营业外收入		12 000
营业外支出	12 000	
所得税费用	24 420	

要求：根据上述账户余额，编制当月利润表（表 6-16）。

表6-16　利润表

会企02表

编制单位：汇丰公司　　　　　　　　2023年7月　　　　　　　　单位：元

项　　目	本期金额	上期金额
一、营业收入	（1）	
减：营业成本	325 000	
税金及附加	15 000	
销售费用	10 000	
管理费用	32 000	
研发费用		
财务费用	10 000	
其中：利息费用	10 000	
利息收入		
加：其他收益		
投资收益（损失以"－"号填列）	（2）	
其中：对联营企业和合营企业的投资收益		
以摊余成本计量的金融资产终止确认收益（损失以"－"号填列）		
净敞口套期收益（损失以"－"号填列）		
公允价值变动收益（损失以"－"号填列）		
减值损失（损失以"－"号填列）		
资产减值损失（损失以"－"号填列）		
资产处置收益（损失以"－"号填列）		
二、营业利润（亏损以"－"号填列）	（3）	
加：营业外收入	12 000	
减：营业外支出	12 000	
三、利润总额（亏损总额以"－"号填列）	（4）	
减：所得税费用	24 420	
四、净利润（净亏损以"－"号填列）	（5）	
（一）持续经营净利润（净亏损以"－"号填列）		
（二）终止经营净利润（净亏损以"－"号填列）		
五、其他综合收益的税后净额	0	
六、综合收益总额		
七、每股收益		
（一）基本每股收益		
（二）稀释每股收益		

2. 甲公司为制造企业，增值税一般纳税人。2023 年 7 月份发生下列交易与事项：

（1）本月领用 N 材料 60 000 元用于生产 W 产品。

（2）本月领用 M 材料 80 000 元用于生产 W、Y 产品，并以 W、Y 产品产量为标准将 M 材料分配计入 W、Y 产品成本；本月 W 产品完工 300 件，Y 产品完工 200 件。

（3）本月生产车间领用 M 材料 24 000 元，用于车间一般消耗。

（4）本月专设销售机构领用 N 材料 15 600 元。

（5）本月行政管理部门领用 M 材料 12 000 元。

要求根据上述资料进行下列计算分析：

（1）本月生产 W 产品的材料费用为（　　）元。

（2）编制业务（1）所述交易或事项的会计分录。

（3）编制业务（3）所述交易或事项的会计分录。

（4）编制业务（4）所述交易或事项的会计分录。

（5）编制业务（5）所述交易或事项的会计分录。（该题不要求设置明细科目）

练习题三

（一）单项选择题（每题 1 分，共 20 分）

1. 目前我国的行政单位会计采用的会计基础，主要是（　　）。

A. 权责发生制　　　　B. 应收应付制　　　　C. 收付实现制　　　　D. 统收统支制

2. 下列各项中，能对会计工作质量起保证作用的是（　　）。

A. 会计核算　　　　B. 会计监督　　　　C. 会计计划　　　　D. 会计记账

3. 下列经济业务中，会使企业月末资产总额发生变化的是（　　）。

A. 从银行提取现金　　　　　　　　　　B. 购买原材料，货款未付

C. 购买原材料，货款已付　　　　　　　D. 现金存入银行

4. （　　）是企业在销售商品、提供劳务等日常活动中所发生经济利益总流出。

A. 支出　　　　B. 应付账款　　　　C. 成本　　　　D. 费用

5. 下列会计科目中，属于损益类科目的是（　　）。

A. 主营业务成本　　　B. 生产成本　　　C. 制造费用　　　D. 其他应收款

6. 符合资产类账户记账规则的是（　　）。

A. 增加额记借方　　　　　　　　　　　B. 增加额记贷方

C. 减少额记借方　　　　　　　　　　　D. 期末无余额

7. 企业对外销售商品，购货方未支付货款。下列关于会计处理的表述中，正确的是（　　）。

A. 应计入"应收账款"科目的借方　　　B. 应计入"应收账款"科目的贷方

C. 应计入"应付账款"科目的借方　　　D. 应计入"应付账款"科目的贷方

8. 会计恒等式是（　　）。

A. 所有者权益 = 收入 – 费用

B. 资产 = 负债 + 所有者权益

C. 资产 = 负债 + 所有者权益 + 利润 + 收入 + 费用

D. 利润 = 收入 – 成本

9. 下列资产负债表项目中，应根据总账科目期末余额直接填列的是（　　）。

　A. 存货　　　　　　　B. 货币资金　　　　　C. 应收账款　　　　　D. 固定资产原价

10. 在一定时期内用一张原始凭证，连续不断登记重复发生的若干同类经济业务的原始凭证是（　　）。

　A. 一次凭证　　　　　B. 累计凭证　　　　　C. 原始凭证汇总表　　D. 汇总凭证

11. 某企业年初未分配利润为 100 万元，本年净利润为 1 000 万元，按 10% 计提法定盈余公积，按 5% 计提任意盈余公积，宣告发放现金股利为 80 万元，该企业期末未分配利润为（　　）万元。

　A. 855　　　　　　　B. 935　　　　　　　C. 870　　　　　　　D. 770

12. 下列不属于记账凭证基本内容的是（　　）。

　A. 日期、编号

　B. 接受凭证单位名称

　C. 经济业务事项所涉及的会计科目及其记账方向

　D. 附件张数

13. 下列有关单式记账凭证的说法正确的是（　　）。

　A. 单式记账凭证是指将每笔经济业务所涉及的全部会计科目及其内容在同一张记账凭证中反映的记账凭证

　B. 单式记账凭证是指将每笔经济业务所涉及的每一个会计科目及其内容分别独立地反映的记账凭证

　C. 其不便于会计分工记账以及按会计科目汇总

　D. 其便于反映经济业务的全貌以及账户的对应关系

14. 年终结账时，要在总账摘要栏内注明"本年合计"字样，结出全年发生额和年末余额，并在合计数（　　）。

　A. 上方通栏划单红线　　　　　　　　B. 下方通栏划单红线

　C. 上方通栏划双红线　　　　　　　　D. 下方通栏划双红线

15. 下列明细分类账中，应采用数量金额式账簿的是（　　）。

　A. 应收款项明细账　　　　　　　　　B. 管理费用明细账

　C. 应付账款明细账　　　　　　　　　D. 库存商品明细账

16. 科目汇总表定期汇总的是（　　）。

　A. 每一账户的本期借方发生额　　　　B. 每一账户的本期贷方发生额

　C. 每一账户的本期借、贷方发生额　　D. 每一账户的本期借、贷方余额

17. （　　）是指对属于本单位或存放在本单位的全部财产物资进行的清查。

　A. 定期清查　　　　B. 不定期清查　　　　C. 全面清查　　　　　D. 局部清查

18. 下列项目会使银行日记账与银行对账单两者余额不一致的有（　　）。

　A. 未达账项　　　　　　　　　　　　B. 银行对账单记账有误

　C. 单位银行存款日记账记账有误　　　D. 以上三项都有可能

19. 下列各项中，属于流动资产的是（　　）。

　A. 预付账款　　　　B. 预收账款　　　　　C. 无形资产　　　　　D. 短期借款

20. 企业月末账簿余额中，"固定资产原价"为 1 000 000 元，"累计折旧"为 300 000 元，

"固定资产减值准备" 100 000 元，则资产负债表中 "固定资产" 项目金额为（　　　）元。

A. 1 000 000　　　　　B. 700 000　　　　　C. 600 000　　　　　D. 650 000

（二）多项选择题（每题 2 分，共 30 分）

1. 资金退出是资金运动的终点，下列属于资金退出的业务有（　　　）。

A. 偿还银行借款　　　　　　　　　　B. 支付发行债券的利息

C. 缴纳增值税　　　　　　　　　　　D. 给股东分配现金股利

2. 我国《企业会计制度》规定，会计期间分为（　　　）。

A. 年度　　　　　B. 半年度　　　　　C. 季度　　　　　D. 月度

3. 下列各项中，属于负债的有（　　　）。

A. 短期借款　　　B. 应交税费　　　C. 预收账款　　　D. 预付账款

4. 资产按变现或耗用时间的长短，可分为（　　　）。

A. 流动资产　　　B. 非流动资产　　　C. 其他资产　　　D. 固定资产

5. 会计科目按其所归属的会计要素不同，可分为资产类、（　　　）。

A. 所有者权益类　　B. 负债类　　　C. 损益类　　　D. 成本类

6. 总分类账户余额试算平衡表中的平衡关系有（　　　）。

A. 全部账户的本期借方发生额合计＝全部账户的本期贷方发生额合计

B. 全部账户的期初借方余额合计＝全部账户的期末贷方余额合计

C. 全部账户的期初借方余额合计＝全部账户的期初贷方余额合计

D. 全部账户的期末借方余额合计＝全部账户的期末贷方余额合计

7. 工业企业的资金运动表现为（　　　）三部分。

A. 资金的投入　　B. 资金的循环与周转　C. 资金的偿还　　D. 资金的退出

8. 会计核算的基本前提主要包括（　　　）。

A. 会计主体　　　B. 持续经营　　　C. 会计分期　　　D. 货币计量

9. 下列各项中，应计入营业外支出的有（　　　）。

A. 非常损失　　　　　　　　　　　　B. 罚款支出

C. 公益性捐赠支出　　　　　　　　　D. 非流动资产处置损失

10. 某企业销售产品一批，价款 50 000 元，增值税 6 500 元，货款收回存入银行，这笔经济业务涉及的账户有（　　　）。

A. "银行存款" 账户

B. "应收账款" 账户

C. "主营业务收入" 账户

D. "应交税费——应交增值税（销项）" 账户

11. 按照记账凭证的审核要求，下列内容中属于记账凭证审核内容的有（　　　）。

A. 会计科目使用是否正确

B. 凭证项目是否填写齐全

C. 凭证所列事项是否符合有关的计划和预算

D. 凭证的金额与所附原始凭证的金额是否一致

12. 关于会计凭证，以下说法正确的是（　　　）。

A. 会计凭证按填制程序和用途不同可分为原始凭证和记账凭证

B. 原始凭证是登记账簿的直接依据

C. 会计凭证是编制会计报表的依据

D. 记账凭证是根据审核无误的原始凭证编制的

13. 导致企业财产物资账存数与实存数不符的主要原因有（　　　）。

A. 财产物资发生自然损耗　　　　　　　B. 财产物资收发计量有差错

C. 财产物资毁损、被盗　　　　　　　　D. 账簿记录重记、漏记

14. 下列各项中，属于总分类账户与明细分类账户平行登记的要点有（　　　）。

A. 同金额　　　　　　B. 同方向　　　　　　C. 同摘要　　　　　　D. 同期间

15. 下列说法中正确的有（　　　）。

A. 备查账簿可以连续使用

B. 会计年度终了后，会计账簿暂由本单位财务会计部门保管一年，期满之后，由财务会计部门编造清册移交本单位的档案部门保管

C. 固定资产明细账因年度内变动不多，新年度可不必更换账簿

D. 在新旧账户之间转记金额不需填制凭证

（三）判断题（每题 1 分，共 10 分）

1. 会计主体假设明确界定了从事会计工作和提供会计信息的空间范围。　　　　　　　（　　　）

2. 我国的行政单位会计一般采用收付实现制，事业单位会计除经营业务可以采用权责发生制以外，其他大部分业务采用收付实现制。　　　　　　　（　　　）

3. 会计职能只有两个，即核算与监督。　　　　　　　（　　　）

4. 费用类账户一般没有余额，如有，应在借方。　　　　　　　（　　　）

5. 按公允价值进行会计计量，是指资产和负债按照在公平交易中，不熟悉情况的交易双方自愿进行资产交换或者债务清偿的金额计量。　　　　　　　（　　　）

6. 设置会计科目的相关性原则是指所设置的会计科目应当符合国家统一的会计制度的规定。　　　　　　　（　　　）

7. 复式记账法是指对发生的多个经济业务，分别在两个或两个以上的账户中进行登记的一种记账方法。　　　　　　　（　　　）

8. "固定资产"账户的期末借方余额，反映期末实有固定资产的净值。　　　　　　　（　　　）

9. 现金日记账和银行存款日记账都属于特种日记账。　　　　　　　（　　　）

10. "固定资产"账户属于资产类账户，用以核算企业持有的固定资产原价。　　　　　　　（　　　）

（四）业务题（每题 20 分，共 40 分）

1. 资料：甲公司 2023 年 6 月月末部分账户资料见表 6-17。

表 6-17　甲公司 2023 年 6 月月末部分账户资料

单位：元

账户名称	借方余额	贷方余额
库存现金	2 600	
银行存款	50 000	
其他货币资金	6 000	

续表

账户名称	借方余额	贷方余额
应收账款	524 900	
坏账准备		26 245
原材料	32 000	
周转材料	3 000	
生产成本	7 000	
固定资产	1 410 000	
累计折旧		282 000

要求：根据以上资料计算下列资产负债表项目的期末余额。

（1）"货币资金"项目期末余额为（　　　）元。

（2）"应收账款"项目期末余额为（　　　）元。

（3）"固定资产"项目期末余额为（　　　）元。

（4）"存货"项目期末余额为（　　　）元。

（5）"流动资产合计"项目期末余额为（　　　）元。

2. 甲公司 2023 年年初的"利润分配——未分配利润"账户的借方余额为 300 000 元，2023 年实现利润总额 743 000 元，法定盈余公积的提取比例为 10%，不提取任意盈余公积。甲公司决定向股东分配利润 66 450 元。甲公司适用的企业所得税税率为 25%，2023 年无纳税调整。

要求：

（1）计算 2023 年甲公司应交的所得税为（　　　）元。

（2）计算 2023 年甲公司的可供分配利润为（　　　）元。

（3）计算 2023 年甲公司应提取的法定盈余公积为（　　　）元。

（4）编制甲公司 2023 年提取法定盈余公积的会计分录。

（5）编制甲公司 2023 年决定向股东分配利润的会计分录。

（该题不要求设置明细科目）

参 考 文 献

[1] 袁三梅，曾理．基础会计实训［M］.北京：北京理工大学出版社，2023.

[2] 袁三梅，曾理．基础会计（第4版）［M］.北京：北京理工大学出版社，2023.

[3] 东奥会计在线.2024年初级会计资格辅导教材.初级会计实务［M］.北京：北京科学技术出版社，2023.

[4] 全国会计从业资格考试研究中心．全国会计从业资格考试专用习题集［M］.北京：人民邮电出版社，2015.

[5] 薛跃，严玉康．基础会计学教程习题集（第二版）　［M］.上海：立信会计出版社，2011.

[6] 刘中华，唐亚娟．基础会计习题与解答［M］.北京：经济科学出版社，2013.

[7] 李海波，蒋瑛．新编会计学原理——基础会计习题集［M］.上海：立信会计出版社，2014.

[8] 瞿灿鑫，王珏．基础会计——教学指导用书.上海：上海财经大学出版社，2009.

[9] 陈文铭，陈艳．基础会计习题与案例［M］.大连：东北财经大学出版社，2013.

[10] 高香林．基础会计［M］.北京：高等教育出版社，2014.

[11] 崔智敏，陈爱玲．会计学基础［M］.北京：中国人民大学出版社，2014.

[12] 程淮中．基础会计［M］.北京：高等教育出版社，2012.

[13] 田家富．基础会计［M］.北京：高等教育出版社，2014.

[14] 陈文铭．基础会计习题与案例（第四版）［M］.大连：东北财经大学出版社，2015.

[15] 中国注册会计师协会．会计［M］.北京：中国财政经济出版社，2015.

"十四五"职业教育国家规划教材《基础会计（第4版）》配套实训

基础会计实训（第2版）

（答案）

主　编　袁三梅　徐艳旻

北京理工大学出版社
BEIJING INSTITUTE OF TECHNOLOGY PRESS

内 容 简 介

本书是《基础会计（第4版）》（袁三梅、曾理主编，北京理工大学出版社，2023）的配套实训用书，按照《基础会计（第4版）》的项目顺序，逐项进行实训练习。实训练习包括单项选择题、多项选择题、判断题、问答题、业务题、案例分析题，以帮助同学们巩固已经学习过的基础会计知识，并进行手工做账训练。本书还对每一项目配有初级会计资格考试练习题，以帮助同学们顺利通过初级会计资格考试。

本书可作为高职高专院校会计类专业及其他财经商贸大类专业项目化教学的教材，也可作为会计从业人员及本科院校财会专业学生的学习用书。

图书在版编目（CIP）数据

基础会计实训／袁三梅，徐艳旻主编．－－2版．－－
北京：北京理工大学出版社，2024.8
ISBN 978－7－5763－4084－6

Ⅰ.①基… Ⅱ.①袁… ②徐… Ⅲ.①会计学 Ⅳ.
①F230

中国国家版本馆CIP数据核字（2024）第105998号

责任编辑： 李　薇　　　　**文案编辑：** 李　薇
责任校对： 周瑞红　　　　**责任印制：** 施胜娟

出版发行 ／ 北京理工大学出版社有限责任公司
社　　址 ／ 北京市丰台区四合庄路6号
邮　　编 ／ 100070
电　　话 ／ （010）68914026（教材售后服务热线）
　　　　　　　（010）68944437（课件资源服务热线）
网　　址 ／ http：//www.bitpress.com.cn

版印次 ／ 2024年8月第2版第1次印刷
印　　刷 ／ 三河市天利华印刷装订有限公司
开　　本 ／ 787 mm×1092 mm　1/16
印　　张 ／ 15.75
字　　数 ／ 366千字
总 定 价 ／ 45.00元

目　录

项目一　带你走进会计世界，熟悉会计入门知识 ……………………………… (1)

　　一、对一对：实训练习题答案 …………………………………………… (1)

　　二、评一评：初级会计资格考试练习题解析 …………………………… (2)

项目二　反映经济业务，掌握填制与审核原始凭证的方法 ………………… (9)

　　一、对一对：实训练习题答案 …………………………………………… (9)

　　二、评一评：初级会计资格考试练习题解析 …………………………… (13)

项目三　记录经济业务，掌握填制与审核记账凭证的方法 ………………… (18)

　　一、对一对：实训练习题答案 …………………………………………… (18)

　　二、评一评：初级会计资格考试练习题解析 …………………………… (28)

项目四　汇总经济业务，掌握登记账簿的方法 ……………………………… (35)

　　一、对一对：实训练习题答案 …………………………………………… (35)

　　二、评一评：初级会计资格考试练习题解析 …………………………… (47)

项目五　提供经济活动信息，掌握编制会计报表的方法 …………………… (58)

　　一、对一对：实训练习题答案 …………………………………………… (58)

　　二、评一评：初级会计资格考试练习题解析 …………………………… (61)

项目六　展示学习成果，进行会计工作过程的基本技能综合实训 ………… (72)

　　一、对一对：实训练习题答案 …………………………………………… (72)

　　二、评一评：初级会计资格考试练习题解析 …………………………… (81)

项目一　带你走进会计世界，熟悉会计入门知识

一、对一对：实训练习题答案

（一）单项选择题

1. A	2. A	3. D	4. B	5. B
6. C	7. C	8. A	9. B	10. D
11. D	12. B	13. B	14. D	15. C
16. A	17. B	18. D	19. A	20. C
21. C	22. D	23. A	24. C	25. B

（二）多项选择题

1. ABC	2. ABC	3. ABC	4. ABCD	5. ABCD
6. CD	7. ABC	8. ABD	9. BD	10. ABD
11. ABCD	12. ABCD	13. ABCD	14. ABC	15. BCD
16. ABCD	17. AD	18. AB	19. ABC	20. AC

（三）判断题

1. √	2. ×	3. √	4. ×	5. ×
6. √	7. ×	8. √	9. √	10. ×
11. √	12. √	13. ×	14. √	15. √

（四）问答题

1. 《会计人员职业道德规范》提出的"三坚三守"是指：（1）坚持诚信，守法奉公；（2）坚持准则，守责敬业；（3）坚持学习，守正创新。

2. 会计职业素质要求有：遵守职业道德、提高业务素质、培养综合能力。

3. 会计的特点是：以货币为主要计量单位；具有一整套科学实用的专门方法；以凭证为依据；具有连续性、系统性、全面性和综合性；必须遵循会计准则。

4. 会计核算的基本前提是：会计主体、持续经营、会计分期、货币计量。

（五）业务题

1. 会计基础是指会计事项的记账基础，在进行会计确认、计量和报告时，出现了两种交易记录的会计基础：权责发生制和收付实现制。权责发生制是以权力和责任的产生时间为标准来正确计算收入和费用的一种科学的方法，即以收入和费用是否实现或者发生为标志来确定其归属期的一种会计核算基础。收付实现制是以实际收到现金或支付现金作为确认收入和费用的记账基础。

2. 按权责发生制：15 000 − 800 + 30 000 = 44 200

按收付实现制：− 35 000 + 20 000 + 15 000 − 800 − 2 100 + 8 000 = 5 100

3. 在我国采用全责发生制为会计基础，因为其可以正确反映各个期间所实现的收入和

为实现收入所应负担的费用，从而可以把各期的收入与费用合理地配比，正确计算各期的经营成果。它能够更加真实、合理地反映特定会计期间的财务状况和经营成果。所以，我国企业会计的确认、计量和报告应当以权责发生制为基础。

归纳总结：对完答案了，我要重点复习的题目及知识点有

二、评一评：初级会计资格考试练习题解析

（一）单项选择题

1. **参考答案**：D

试题评析：会计是以货币为主要计量单位，反映和监督一个单位经济活动的一种经济管理工作。

2. **参考答案**：B

试题评析：会计的基本职能是核算与监督，核算又称反映，监督又称控制。故会计的基本职能是反映与控制。选择 B，排除 ACD。

3. **参考答案**：B

试题评析：会计核算贯穿于经济活动的全过程，是会计最基本的职能，也称反映职能。它是指会计以货币为主要计量单位，通过对特定主体的经济活动进行确认、计量和报告，如实反映特定主体的财务状况、经营成果（或运营绩效）和现金流量等信息。根据会计核算的定义可知，仅选项 B 符合要求。

4. **参考答案**：B

试题评析：会计的职能是指会计在经济管理过程中所具有的功能。作为"过程的控制和观念的总结"的会计，具有会计核算和会计监督两项基本职能，还具有预测经济前景、参与经济决策和评价经营业绩等拓展职能。

5. **参考答案**：C

试题评析：本题考核会计工作的基础。会计核算是会计工作的基础。

6. **参考答案**：C

试题评析：会计的监督职能是指会计在其核算过程中，对经济活动的真实性、合法性、合理性所实施的审查。会计核算是指会计以货币为主要计量单位，通过对特定主体的经济活动进行确认、计量和报告，如实反映特定主体的财务状况、经营成果（或运营绩效）和现金流量等信息。会计控制是通过会计反馈信息和利用信息对经济活动偏离目标的倾向进行调整、干预或施加影响，使其达到预定目标。

7. 参考答案：B

试题评析： 会计监督是会计核算质量的保障。只有核算没有监督，难以保证会计核算所提供信息的质量。

8. 参考答案：A

试题评析： 会计核算和监督的内容就是会计对象。凡是特定主体能够以货币表现的经济活动都是会计对象。以货币表现的经济活动通常又称为资金运动。因此，会计对象就是资金运动。因此本题答案为 A。

9. 参考答案：D

试题评析： 选项 A、C 属于资金的运用，选项 B 属于资金的退出。

10. 参考答案：A

试题评析： 资金运动从货币资金形态开始又回到货币资金形态，我们称为完成了一次资金循环，资金的不断循环就是资金周转。

11. 参考答案：D

试题评析： 资金的循环与周转是资金运动的主要组成部分，在资金运动过程中有三个环节，包括供应过程、生产过程、销售过程。资金周转后，对取得的成果进行分配。

12. 参考答案：A

试题评析： 重要性要求企业提供的会计信息应当反映与企业财务状况、经营成果和现金流量有关的所有重要交易或者事项。

13. 参考答案：D

试题评析： 及时性要求企业对已经发生的交易或者事项，应当及时进行确认、计量和报告，不得提前或者延后。企业应当及时确认收入。

14. 参考答案：B

试题评析： 会计期间分为年度、半年度、季度和月度，没有半月度。

15. 参考答案：D

试题评析： 会计基本假设是企业会计确认、计量和报告的前提，是对会计核算所处时间、空间环境等所做的合理设定。

16. 参考答案：B

试题评析： 会计主体规定了会计核算的空间范围。会计分期确定了会计核算的时间范围。持续经营确立了会计核算的时间长度，而货币计量则为会计核算提供了必要手段。

17. 参考答案：C

试题评析： 会计主体是指企业会计确认、计量和报告的空间范围，即会计核算和监督的特定单位或组织。会计主体与法律主体是不同的概念，法律主体可以是会计主体，但会计主体不一定是法律主体。

18. 参考答案：C

试题评析： 会计主体是指会计所核算和监督的特定单位或组织，是会计确认、计量和报告的空间范围；会计期间分为月度、季度、半年度和年度，其中月度、季度、半年度称为会计中期；在货币计量假设下，单位的会计核算应以人民币作为记账本位币。收支业务以人民币以外的货币为主的单位，可以选定其中一种货币作为记账本位币，但编制财务会计报告应当折算为人民币反映。

19. 参考答案：A

试题评析：根据权责发生制，凡当期已经实现的收入，无论款项是否收到，都应当作为当期的收入处理；凡是不属于当期的收入，即使款项已经当期收到，也不应当作为当期的收入处理。

20. 参考答案：D

试题评析：《企业会计准则——基本准则》第9条规定："企业应当以权责发生制为基础进行会计确认、计量和报告。"故选D。

21. 参考答案：B

试题评析：权责发生制原则下以收入和费用实际发生作为确认计量的标准，而不是以实际支付现金为标准。如题所示，对于预付的全年仓库租金，本月应只承担本月需承担的租金，即 36 000/12 = 3 000（元）。支付的上年借款利息，是在上一年发生，应在上一年进行确认。管理费用520元，在本期发生，计入本期费用。应付利息4 500元属于本月应承担的责任，计入本期费用。综上所述，本月费用为 3 000 + 520 + 4 500 = 8 020（元）。

22. 参考答案：D

试题评析：权责发生制要求凡是当期已经实现的收入、已经发生和应当负担的费用，不论款项是否收付，都应当作为当期的收入、费用；凡是不属于当期的收入、费用，即使款项已经在当期收付了，也不应当作为当期的收入、费用。本题中，①预付全年仓库租金12 000元，由当月分摊1/12份，即1 000元；②支付上年第4季度银行借款利息5 400元，与本年1月份的费用无关；③以现金680元支付行政管理部门的办公用品，应计入1月份的管理费用；④预提本月负担的银行借款利息1 500元，本月的财务费用增加1 500元。本月费用 = 1 000 + 680 + 1 500 = 3 180（元）。因此本题答案为D。

23. 参考答案：D

试题评析：收付实现制以实际支付确认费用。根据收付实现制，该单位6月份确认的费用 = 1 800 + 3 900 + 30 000 = 35 700（元）。

24. 参考答案：B

试题评析：根据权责发生制基础的要求，凡是不属于当期的收入和费用，即使款项已经在当期收付，也不应当作为当期的收入和费用。

25. 参考答案：D

试题评析：权责发生制，也称应计制，凡是当期已经实现的收入和已经发生或应当负担的费用，无论款项是否收付，都应当作为当期的收入和费用，计入利润表；凡是不属于当期的收入和费用，即使款项已经在当期收付，也不应当作为当期的收入和费用。

（二）多项选择题

1. 参考答案：ABCD

试题评析：会计是以货币为主要计量单位，反映和监督一个单位经济活动的一种经济管理工作。

2. 参考答案：ABC

试题评析：会计核算与会计监督两项基本职能之间存在着相辅相成、辩证统一的关系。会计核算是会计监督的基础，没有会计核算所提供的各种信息，会计监督就失去了依据；而会计监督又是会计核算的保障，没有会计监督，就难以保证核算所提供信息的真实性、可靠性。

3. 参考答案：ABCD

试题评析：会计核算主要包括款项和有价证券的收付；财物的收发、增减和使用；债权债务的发生和结算；资本、基金的增减；收入、费用的计算；财务成果的计算；其他会计事项，其中开立子公司属于资本的增减。故全选。

4. 参考答案：ABC

试题评析：会计监督职能是指会计人员在进行会计核算的同时，对特定主体经济活动的真实性、合法性、合理性进行审查。

5. 参考答案：ACD

试题评析：资金退出包括偿还各项债务、上交各项税金、向所有者分配利润等，即资金离开本企业，退出资金的循环与周转。支付职工工资属于资金的运用。因此，本题正确答案为 ACD。

6. 参考答案：ABCD

试题评析：资金的退出指的是资金离开本单位，退出资金的循环与周转。资金退出是资金运动的终点，主要包括偿还各项债务、依法缴纳各项税费，以及向所有者分配利润等。

7. 参考答案：ABC

试题评析：货币资金—储备资金—生产资金—成品资金—结算资金—货币资金，资金运动从货币资金形态开始又回到货币资金形态，我们称为完成了一次资金循环。购买原材料、将原材料投入产品生产、销售商品都属于资金的循环过程。

8. 参考答案：ABCD

试题评析：会计信息的使用者主要包括投资者、债权人、企业管理者、政府及其相关部门和社会公众等。

9. 参考答案：ABCD

试题评析：一般认为，会计核算的基本假设包括会计主体、持续经营、会计分期和货币计量。

10. 参考答案：ABCD

试题评析：会计主体，是指会计所核算和监督的特定单位或者组织，是会计确认、计量和报告的空间范围。会计主体可以是独立法人，也可以是非法人；可以是一个企业，也可以是企业内部的某一个单位或企业中的一个特定的部分；可以是一个单一的企业，也可以是由几个独立企业组成的企业集团。

11. 参考答案：ABCD

试题评析：会计主体确立了会计核算的空间范围；持续经营确立了会计核算的时间长度；会计分期确立了会计核算的时间范围；货币计量为会计核算提供了必要的手段。没有会计主体，就不会有持续经营；没有持续经营，就不会有会计分期；没有货币计量，就不会有现代会计。

12. 参考答案：AB

试题评析：可比性要求企业提供的会计信息应当相互可比。这主要包括两层含义：①同一企业不同时期可比；②不同企业相同会计期间可比。

13. 参考答案：BC

试题评析： 权责发生制又称应收应付制，凡是当期已经实现的收入和已经发生或应负担的费用，不论其款项是否收付，都应作为当期的收入和费用，计入利润表。凡是不属于当期的收入和费用，即使款项已在当期收付，也不应当作为当期的收入和费用。选项 AD 符合收付实现制的要求。因此本题答案为 BC。

14. 参考答案：BD

试题评析： 事业单位会计核算一般采用收付实现制；事业单位部分经济业务或者事项，以及部分行政事业单位的会计核算采用权责发生制核算的，由财政部在相关会计制度中具体规定。

15. 参考答案：ACD

试题评析： 根据权责发生制基础的要求，凡是当期已经实现的收入和已经发生或应当负担的费用，无论款项是否收付，都应当作为当期的收入和费用，计入利润表；凡是不属于当期的收入和费用，即使款项已经在当期收付，也不应当作为当期的收入和费用。

(三) 判断题

1. 参考答案：错误

试题评析： 会计是以货币为主要计量单位，运用专门的方法，核算和监督一个单位经济活动的一种经济管理工作。

2. 参考答案：正确

试题评析： 会计对经济活动过程中使用的财产物资、发生的劳动耗费及劳动成果等以货币作为主要计量单位，进行系统的记录、计算、分析和考核，以达到加强经济管理的目的；除货币计量以外，还可运用实物计量（千克、吨、米、台、件等）和劳动计量（工作日、工时等）。因此该说法正确。

3. 参考答案：正确

试题评析： 根据"会计"的概念，会计是指以货币为主要计量单位，运用一系列专门方法，核算和监督一个单位经济活动的一种经济管理工作。

4. 参考答案：错误

试题评析： 会计的基本职能是核算与监督，还有预测经济前景、参与经济决策、评价经营业绩等职能。

5. 参考答案：正确

试题评析： 会计的职能是指会计在经济管理中所具有的功能，会计的基本职能包括会计核算和会计监督两个方面。从本质来看，会计是以货币为主要计量单位，运用一系列专门方法，核算和监督一个单位经济活动的一种经济管理工作。因此该说法正确。

6. 参考答案：正确

试题评析： 会计监督是一个过程，它分为事前监督、事中监督和事后监督三个阶段。

7. 参考答案：正确

试题评析： 会计主体是指会计确认、计量和报告的空间范围，即界定了从事会计工作和提供会计信息的空间范围。

8. 参考答案：正确

试题评析： 会计主体确立了会计核算的空间范围，持续经营与会计分期确立了会计核算的时间长度，而货币计量则为会计核算提供了必要手段。没有会计主体，就不会有持续经营；没有持续经营，就不会有会计分期；没有货币计量，就不会有现代会计。

9. **参考答案**：正确

试题评析：会计分期是指将一个会计主体持续经营的生产经营活动划分为一个个连续的、长短相同的期间，以便分期结算账目和编制财务报告。

10. **参考答案**：错误

试题评析：会计以货币为主要计量单位，但货币并不是唯一的计量单位。

11. **参考答案**：正确

试题评析：会计方法是指用来核算和监督会计对象，执行会计职能，实现会计目标的手段。会计核算方法是会计的基本方法，包括设置账户、复式记账、填制和审核会计凭证、登记账簿、成本计算、财产清查和编制会计报表。因此本题说法正确。

12. **参考答案**：正确

试题评析：在持续经营前提下，会计主体将根据正常的经营目标持续经营下去，不会进行清算，所持有的资产将正常营运，所负有的债务将正常偿还。

13. **参考答案**：正确

试题评析：在持续经营假设下，会计确认、计量和报告应当以企业持续、正常的经济活动为前提。

14. **参考答案**：错误

试题评析：持续经营是指在可以预见的将来，会计主体将会按当前的规模和状态持续经营下去，不会停业，也不会大规模削减业务。

15. **参考答案**：正确

试题评析：权责发生制要求，凡是在当期已经实现的收入和已经发生或应当负担的费用，无论款项是否支付，都应当作为当期的收入和费用，计入利润表。也就是说，企业应当在收入已经实现和费用已经发生时就进行确认，而不是等到实际收到现金或者支付现金时确认。

归纳总结：对于考证，我还要重点复习的知识点有

本项目实训练习自我总结：

1. 重点：

2. 难点：

3. 易错点：

4. 我的漏洞：

项目二　反映经济业务，掌握填制与审核原始凭证的方法

一、对一对：实训练习题答案

（一）单项选择题

1. C	2. D	3. A	4. D	5. C
6. B	7. C	8. A	9. D	10. C
11. C	12. B	13. C	14. A	15. C
16. D	17. D	18. D	19. C	20. A

（二）多项选择题

1. ABCD	2. ABD	3. ABD	4. CD	5. ABC
6. BCD	7. ABCD	8. CD	9. ABD	10. ABD
11. ABCD	12. AD	13. BCD	14. ABCD	15. ABC

（三）判断题

1. ×	2. √	3. ×	4. ×	5. ×
6. ×	7. √	8. ×	9. ×	10. √

（四）业务题

1.

（1）￥67899.20

（2）￥1010.00

（3）￥90000004.00

（4）￥500.08

（5）￥20030.06

（6）￥100.00

2.

（1）人民币壹佰贰拾叁元肆角伍分

（2）人民币叁仟万元整（正）

（3）人民币陆仟元零柒角整（正）

（4）人民币捌仟零伍元零贰分

（5）人民币玖拾贰元叁角整（正）

（6）人民币贰佰贰拾元整（正）

3.

（1）贰零壹捌年零壹月零叁日

（2）贰零壹玖年零贰月壹拾陆日

（3）贰零贰零年零壹拾月壹拾柒日

（4）贰零贰壹年壹拾壹月零壹拾日

（5）贰零贰贰年壹拾贰月零贰拾日

（6）贰零贰叁年肆月零叁拾日

4.

（1）如答图 2-1 所示。

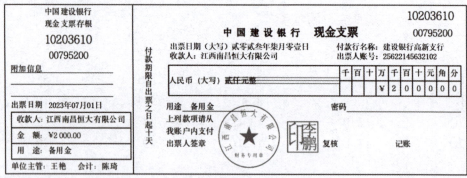

答图 2-1

（2）如答图 2-2 所示。

借款单
2023年07月02日

借款部门	采购部	姓名	徐剑	财务部经理	李敏	审核	王艳
						记账	陈琦
项目	预付差旅费	出差事由	赴展销会	出差地点	广州	部门经理	陈真
	其他借款	借款理由					
		对方单位		账号开户行		付款方式	
人民币：（大写）壹仟伍佰元整				￥1500.00			

借款人签字：徐剑

答图 2-2

（3）如答图 2-3 和答图 2-4 所示。

差旅费报销单

单位：采购部   2023年7月7日   金额单位：元

起日		止日		合计天数	各项补助费						车船与杂支费					合计金额
					伙食补助费			公杂费包干			火车费	汽车费	飞机费	住宿费	其他	
月	日	月	日		天数	标准	金额	天数	标准	金额						
7	3	7	6	4	4	50	200				600			400		1200
合计人民币（大写）壹仟贰佰元整									￥ 1200.00							
原借差旅费 1500.00 元					报销 1200.00 元					剩余交回 300.00 元						
出差事由		赴广州展销会购买原材料														

附件 3 张

会计主管：王艳   审核：陈琦   制单：刘霞   部门主管：陈真   报销人：徐剑

答图 2-3

收款收据

2023年07月07日　　　　　　第 5 号

交款单位或交款人	采购部徐剑	收款方式	现金

事由　退回差旅费

人民币（大写）叁佰元整　　　　　¥300.00

备注：

收款人：刘霞	收款单位（盖章）

答图 2-4

（4）如答图 2-5 所示。

江西增值税专用发票

3600151110　　　　　　　　　　　　No 00064412

此联不做报销、抵税凭证使用　　　开票日期：2023年07月17日

购货单位	名　　称：南昌天虹商场 纳税人识别号：360106314759829 地址、电话：南昌市天祥大道231号 开户行及账号：中国建设银行高新支行 25622145652352	密码区	543<0211+-+83920829<0676->>2-23/29 3<6372->>2/4>>4/>>>0072902815845/3 4//563<0217+-+019>302+648365420810 /1-1-35181019>947/0+8//-275+6*94>3

货物或应税劳务名称	规格型号	单位	数量	单价	金额	税率	税额
成衣		套	90	200.00	18 000.00	13%	2 340.00
拖鞋		双	50	30.00	1 500.00	13%	195.00
合　　计					¥19 500.00	13%	¥2 535.00

价税合计（大写）	贰万贰仟零叁拾伍元整	（小写）¥22 035.00

销货单位	名　　称：江西南昌恒大有限公司 纳税人识别号：360106314754245 地址、电话：南昌市艾溪湖北路521号 开户行及账号：中国建设银行高新支行 25622145632102	备注：

收款人：刘红	复核：王艳	开票人：陈琦	销货单位（章）

答图 2-5

5. 如答图 2-6～答图 2-8 所示。

材料入库单

供货单位：南昌纺织厂　　　　　2023年07月10日　　　　　　编号：000822

类别	编号	名称	规格	单位	数量		金额									附注
					应收	实收	单价	总价								
								十	万	千	百	十	元	角	分	
原材料		棉纱		吨	11	11	2 000.00		2	2	0	0	0	0	0	
			合计				¥		2	2	0	0	0	0	0	

仓库保管员：胡部　　　　　采购业务员：黄晓　　　　　送货人：周浦

答图 2-6

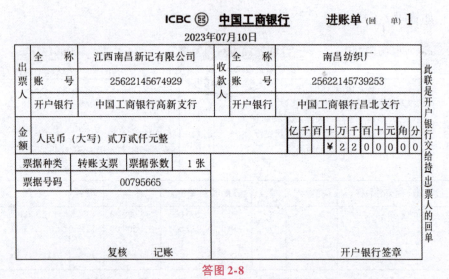

答图 2-7

答图 2-8

6.

（1）支票正面缺少财务专用章和法人章，人民币大写后面加个"整"字。

（2）丙材料税率应改为13%，则税额应改为260元，合计金额改为2 260元，缺销货方签章，缺开票人和复核以及收款人签名。

（3）领料单位应改为三车间，领料单编号应改为00063，原材料金额和合计金额应改为4 500.00，缺领料人、领料部门负责人和仓库保管员签名。

（4）填制日期改为2023年7月28日，人民币大写应改为伍拾元整，人民币小写应改为50.00，缺收款单位即本单位财务专用章。

归纳总结：对完答案了，我要重点复习的题目及知识点有

(五) 案例分析题

2023年7月15日，财务处收到报销材料后，会计人员首先应该审核所有原始凭证的填

制等是否符合要求、是否有相关签章等，若不符合要求，则按照相关规定处理。若符合要求，则按照公司报销限额，全额报销其火车票费用；住宿费报销限额750元，故可以报销700元住宿费；除往返车票外的交通费报销100元，打车费可以报销100元，多余50元自己支付，不予报销；伙食费按每天50元报销，故餐费发票200元可以全额报销；打印费不在公司规定的报销范围之内，故这打印费发票100元需要自己支付，不予报销。对于采购部，陈晨提出的用住宿费或者餐费多余的限额报销部分打车费和全额的打印费这项要求，是不符合公司规定的，不予受理。

小组讨论经典记录：

二、评一评：初级会计资格考试练习题解析

（一）单项选择题

1. 参考答案：D

试题评析： 原始凭证填写时要求书写规范、清楚：①不得使用未经国务院公布的简化汉字。②小写金额用阿拉伯数字逐个书写，不得写连笔字。在金额前填写人民币符号"¥"，人民币符号阿拉伯数字之间不得留有空白。③金额数字一律填写到角分，无角分的，写"00"或符号"－"，有角无分，分位写"0"，不得用符号"－"。大写金额一律用正楷或行书书写。大写金额前加"人民币"字样，并在大写金额和"人民币"字样之间不得留有空白。④大写金额到元或角为止的，后面写"整"或"正"字，有分不得写"整"或"正"字。

2. 参考答案：A

试题评析： 选项BCD属于自制原始凭证。

3. 参考答案：B

试题评析： 累计凭证指在一定时期内多次记录发生的同类型经济业务的原始凭证。而一次凭证指一次填制完成、只记录一笔经济业务的原始凭证。汇总凭证指对一定时期内反映经济业务内容相同的若干张原始凭证，按照一定标准综合填制的原始凭证。

4. 参考答案：A

试题评析： 原始凭证，又称单据，是指在经济业务发生或完成时取得或填制的，用以记录或证明经济业务的发生或完成情况的原始凭据。常用的原始凭证有现金收据、发货票、银行进账单、差旅费报销单、产品入库单、领料单等。

5. 参考答案：B

试题评析：本题考核原始凭证的审核。原始凭证金额有错误的，应当由出具单位重开，不得在原始凭证上更正。

6. 参考答案：D

试题评析：累计凭证是指在一定时期内多次记录发生的同类型经济业务且多次有效的原始凭证，如限额领料单。

7. 参考答案：A

试题评析：收料单是指仓库保管人员根据购入材料的实际验收情况填制的一次性自制原始凭证。领料单是由领用材料的部门或者人员（简称领料人）根据所需领用材料的数量填写的单据，属于一次原始凭证。"限额领料单"是多次使用的累计原始凭证。发料凭证汇总表是一种汇总原始凭证。

8. 参考答案：D

试题评析：自制原始凭证，又简称自制凭证，是指由本单位内部经办业务的部门或个人（包括财会部门本身），在执行或完成某项经济业务时所填制的原始凭证。供货单位开具的发票不属于自制原始凭证。

9. 参考答案：C

试题评析：原始凭证的基本内容主要有：原始凭证名称，填制凭证的日期，凭证的编号，接受凭证单位名称，经济业务内容，填制单位签章，有关人员签章，填制凭证单位名称或者填制人姓名、凭证附件。"会计人员记账标记"属于记账凭证的基本内容。

10. 参考答案：A

试题评析：大写金额到元或角为止的，后面写"整"或"正"字；有分的，不得写"整"或"正"字。

(二) 多项选择题

1. 参考答案：ACD

试题评析："限额领料单"是多次使用的累计发料凭证。在有效期间内（一般为一个月），只要领用数量不超过限额，就可以连续使用。"限额领料单"是由生产、计划部门根据下达的生产任务和材料消耗定额按每种材料用途分别开出，一料一单，一式两联，一联交仓库据以发料，另一联交领料部门据以领料。

2. 参考答案：ACD

试题评析：手续要完备要求：单位自制的原始凭证必须有经办单位领导人或者其他指定的人员签名盖章；对外开出的原始凭证必须加盖本单位公章；从外部取得的原始凭证，必须盖有填制单位的公章；从个人取得的原始凭证，必须有填制人员的签名盖章。B项原始凭证所要求填列的项目必须逐项填列齐全，不得遗漏和省略属于内容要完整的要求。

3. 参考答案：ABC

试题评析：原始凭证的审核是一项十分重要的工作，经审核的原始凭证应根据不同情况处理：①对于完全符合要求的原始凭证，应及时据以填制记账凭证入账；②对于真实、合法、合理但内容不够完整、填写有错误的原始凭证，应退回给有关经办人员，由其负责将有关凭证补充完整、更正错误或重开后，再办理正式会计手续；③对于不真实、不合法的原始凭证，会计人员有权不予接受，并向单位负责人报告。而对于真实、合法、合理，但填写金额有错误的，这属于原始凭证的金额有错误，按规定，应退回由原出具单位重开，而不是退回由其更正。

4. 参考答案：AB

试题评析：自制原始凭证指由本单位内部经办业务的部门和人员，在执行或完成某项经济业务时填制的，仅供本单位内部使用的原始凭证，如收料单、领料单、限额领料单、产品入库单、产品出库单、借款单、折旧计算表、制造费用分配表等。火车票属于外来的原始凭证；经济合同不属于会计凭证。

5. 参考答案：AD

试题评析：自制原始凭证是由本单位内部经办业务的部门或个人，在执行或完成某项经济业务时自行填制的仅供本单位内部使用的原始凭证。根据原始凭证基本内容的规定，原始凭证中的签章或盖章为填制单位或人员、有关人员签章。因此，自制原始凭证应由经办部门负责人、经办人员签字或盖章，本题正确答案为AD。

6. 参考答案：ABC

试题评析：限额领料单属于累计原始凭证。

7. 参考答案：ABD

试题评析：经审核的原始凭证应根据不同情况处理：①对于完全符合要求的原始凭证，应及时据以编制记账凭证入账。②对于真实、合法、合理但内容不够完整、填写有错误的原始凭证，应退回给有关经办人员，由其负责将有关凭证补充完整、更正错误或重开后，再办理正式会计手续。③对于不真实、不合法的原始凭证，会计机构和会计人员有权不予接受，并向单位负责人报告。

8. 参考答案：BCD

试题评析：外来原始凭证指在经济业务发生或完成时，从其他单位或个人直接取得的原始凭证。增值税专用发票、购货后的发票以及报销差旅费的住宿费单据均符合本定义，而收料单是仅供本单位使用的自制原始凭证。

9. 参考答案：ABC

试题评析：汇总原始凭证是指在会计的实际工作日，为了简化记账凭证的填制工作，将一定时期若干份记录同类经济业务的原始凭证汇总编制一张汇总凭证，用以集中反映某项经济业务的完成情况。发料凭证汇总表属于汇总原始凭证。汇总凭证只能将同类内容的经济业务汇总在一起、填列在一张汇总凭证上，不能将两类或两类以上的经济业务汇总在一起、填列在一张汇总原始凭证上。

10. 参考答案：AB

试题评析：汇总凭证指对一定时期内反映经济业务内容相同的若干张原始凭证，按照一定标准综合填制的原始凭证。常用的汇总原始凭证有：发出材料汇总表、工资结算汇总表、销售日报表、差旅费报销单。选项C，限额领料单属于累计凭证；选项D，增值税专用发票属于一次凭证。

(三) 判断题

1. 参考答案：正确

试题评析：一次凭证指一次填制完成、只记录一笔经济业务的原始凭证。累计凭证指在一定时期内多次记录发生的同类型经济业务的原始凭证。

2. **参考答案**：正确

试题评析：原始凭证应当具备以下基本内容（也称为原始凭证要素）：①凭证的名称；②填制凭证的日期；③填制凭证单位名称或者填制人姓名；④经办人员的签名或者盖章；⑤接受凭证单位名称；⑥经济业务内容；⑦数量、单价和金额。

3. **参考答案**：正确

试题评析：对于真实、合法、合理但内容不够完整、填写有错误的原始凭证，应退回给有关经办人员，由其负责将有关凭证补充完整、更正错误或重开后，再办理正式会计手续。

4. **参考答案**：错误

试题评析：原始凭证发生错误时，应当由出具单位重开或者更正。

5. **参考答案**：错误

试题评析：原始凭证有错误的，应当由出具单位重开或更正，更正处应当加盖出具单位印章。原始凭证金额有错误的，应当由出具单位重开，不得在原始凭证上更正。

6. **参考答案**：正确

试题评析：填制原始凭证的手续应当完备。从外部取得的原始凭证，必须加盖填制单位的公章；从个人取得的原始凭证，必须有填制人员的签名盖章。

7. **参考答案**：错误

试题评析：工资结算汇总表属于自制原始凭证，但不属于一次凭证，而是汇总凭证。

8. **参考答案**：错误

试题评析：填制原始凭证要按规定填写，文字要简明，字迹要清楚，易于辨认，不得使用未经国务院公布的简化汉字。大写金额一律用正楷或行书字书写，不得使用草书。

9. **参考答案**：错误

试题评析：原始凭证的审核，是一项严肃而细致的工作，会计人员必须坚持制度，履行会计人员的职责。在审核过程中，对于不真实、不合法的原始凭证，会计机构、会计人员有权不予接受，并向单位负责人报告。

10. **参考答案**：错误

试题评析：如果原始凭证发生的是金额错误，则不能更正，只能由原单位重开。

归纳总结：对于考证，我还要重点复习的知识点有

本项目实训练习自我总结：

1. 重点：
2. 难点：
3. 易错点：
4. 我的漏洞：

项目三 记录经济业务，掌握填制与审核记账凭证的方法

一、对一对：实训练习题答案

(一) 单项选择题

1. A	2. A	3. C	4. B	5. C
6. D	7. D	8. B	9. D	10. A
11. B	12. A	13. D	14. B	15. C
16. C	17. C	18. B	19. B	20. B
21. B	22. C	23. A	24. C	25. A
26. B	27. A	28. C	29. D	30. D
31. D	32. A	33. A	34. D	35. A
36. C	37. D	38. B	39. C	40. A
41. D	42. C	43. A	44. C	45. B
46. A	47. D	48. B	49. A	50. A
51. C	52. A	53. D	54. C	55. B
56. B	57. C	58. A	59. C	60. D
61. D	62. C	63. D	64. C	65. C
66. B	67. C	68. D	69. C	70. B
71. B	72. B	73. C	74. A	75. B

(二) 多项选择题

1. ABCD	2. AB	3. ACD	4. AB	5. ABC
6. ABC	7. ACD	8. ABCD	9. BCD	10. BC
11. AC	12. AD	13. BCD	14. ACD	15. AD
16. BCD	17. ABCD	18. ABC	19. ABCD	20. ABCD
21. ABD	22. AC	23. BCD	24. BC	25. ABCD
26. ABCD	27. ABC	28. BCD	29. ABCD	30. BD
31. ABCD	32. BCD	33. ABCD	34. AD	35. BC
36. CD	37. ABD	38. ABC	39. ABCD	40. ABD

(三) 判断题

1. ×	2. √	3. ×	4. ×	5. ×
6. √	7. ×	8. ×	9. ×	10. ×
11. ×	12. √	13. √	14. ×	15. √
16. ×	17. ×	18. √	19. ×	20. √
21. ×	22. √	23. √	24. ×	25. √

26. ×	27. √	28. ×	29. ×	30. ×
31. ×	32. √	33. ×	34. √	35. ×
36. ×	37. √	38. ×	39. √	40. ×

（四）业务题

1. 答案

（1）资产 1 700 元

（2）资产 2 939 300 元

（3）所有者权益 13 130 000 元

（4）负债 500 000 元

（5）负债 300 000 元

（6）资产 417 000 元

（7）资产 584 000 元

（8）资产 520 000 元

（9）资产 43 000 元

（10）负债 45 000 元

（11）资产 5 700 000 元

（12）资产 4 200 000 元

（13）资产 530 000 元

（14）所有者权益 250 000 元

（15）所有者权益 440 000 元

（16）负债 200 000 元

（17）所有者权益 70 000 元

资产总额 = 1 700 + 2 939 300 + 417 000 + 584 000 + 520 000 + 43 000 + 5 700 000 + 4 200 000 + 530 000 = 14 935 000（元）

负债总额 = 500 000 + 300 000 + 45 000 + 200 000 = 1 045 000（元）

所有者权益总额 = 13 130 000 + 250 000 + 440 000 + 70 000 = 13 890 000（元）

2. 答案

（1）A = 1 040 300 − 300 − 100 000 − 60 000 − 10 000 − 800 000 − 20 000 = 50 000（元）

C = 1 040 300（元）

B = 1 040 300 − 20 000 − 40 000 − 12 300 − 8 000 − 500 000 − 10 000 = 450 000（元）

（2）流动资产总额 = 300 + 100 000 + 60 000 + 50 000 + 10 000 = 220 300（元）

负债总额 = 20 000 + 40 000 + 12 300 + 8 000 + 450 000 = 530 300（元）

所有者权益总额 = 500 000 + 10 000 = 510 000（元）

3. 答案

企业的财务状况及增减变动表见答表3-1。

答表 3-1　企业的财务状况及增减变动表

单位：元

项　目	期初余额	本月增加额	本月减少额	期末余额
库存现金	1 000	8 000		9 000
银行存款	70 000	49 000	66 000	53 000
原材料	20 000	32 000		52 000
固定资产	270 000	50 000		320 000
应付账款	6 000	30 000	6 000	30 000
短期借款	5 000	9 000		14 000
实收资本	350 000	40 000		390 000

4. 答案

（1）银行存款　　　　（2）库存现金　　　　（3）原材料

（4）固定资产　　　　（5）实收资本　　　　（6）短期借款

（7）库存商品　　　　（8）固定资产　　　　（9）应付账款

（10）应收账款

5. 答案

风发公司 12 月 31 日有关账户的部分资料表见答表 3-2。

答表 3-2　风发公司 12 月 31 日有关账户的部分资料表

单位：元

账户名称	期初余额		本期发生额		期末余额	
	借方	贷方	借方	贷方	借方	贷方
固定资产	800 000		440 000	20 000	（1 220 000）	
银行存款	120 000		（220 000）	160 000	180 000	
应付账款		160 000	140 000	120 000		（140 000）
短期借款		90 000	（50 000）	20 000		60 000
应收账款	（80 000）		60 000	100 000	40 000	
实收资本		700 000	0	（540 000）		1 240 000
其他应付款		50 000	50 000	0		（0）

6. 答案

(1)

记 账 凭 证

2023 年 10 月 3 日　　　　　　　　　　　　　　记字第 1 号　附件 2 张

摘 要	会计科目		借方金额								记账	贷方金额								记账
	总账科目	明细科目	十	万	千	百	十	元	角	分		十	万	千	百	十	元	角	分	
投资者投入资本	银行存款			8	0	0	0	0	0	0										
	实收资本	张三											8	0	0	0	0	0	0	
	合计		¥	8	0	0	0	0	0	0		¥	8	0	0	0	0	0	0	

会计主管：　　　记账：　　　复核：　　　出纳：　　　制单：略

（由于篇幅所限，以下各题均以会计分录代替记账凭证。）

(2) 借：固定资产　　　　　　　　　　　　　　　　200 000
　　　贷：实收资本——李四　　　　　　　　　　　　　　200 000

(3) 借：银行存款　　　　　　　　　　　　　　　　600 000
　　　贷：短期借款　　　　　　　　　　　　　　　　　600 000

(4) 借：财务费用　　　　　　　　　　　　　　　　2 000
　　　贷：银行存款　　　　　　　　　　　　　　　　　2 000

(5) 借：银行存款　　　　　　　　　　　　　　　　1 000 000
　　　贷：长期借款　　　　　　　　　　　　　　　　　1 000 000

7. 答案

(1)

记 账 凭 证

2023 年 5 月 4 日　　　　　　　　　　　　　　记字第 1 号　附件 2 张

摘 要	会计科目		借方金额								记账	贷方金额								记账
	总账科目	明细科目	十	万	千	百	十	元	角	分		十	万	千	百	十	元	角	分	
购入甲材料	在途物资	甲材料		6	0	0	0	0	0	0										
	应交税费	应交增值税（进项税额）			7	8	0	0	0											
	银行存款												6	7	8	0	0	0	0	
	合计		¥	6	7	8	0	0	0	0		¥	6	7	8	0	0	0	0	

会计主管：　　　记账：　　　复核：　　　出纳：　　　制单：略

（由于篇幅所限，以下各题均以会计分录代替记账凭证。）

(2) 借：预付账款——达美工厂　　　　　　　　　　　　　27 120

　　　　贷：银行存款　　　　　　　　　　　　　　　　　　　　　　27 120

(3) 借：在途物资——乙材料　　　　　　　　　　　　　　24 000

　　　　应交税费——应交增值税（进项税额）　　　　　 3 120

　　　　贷：预付账款——达美工厂　　　　　　　　　　　　　　　 27 120

(4) 借：在途物资——甲材料　　　　　　　　　　　　　　　　150

　　　　　　　　——乙材料　　　　　　　　　　　　　　　　400

　　　　贷：银行存款　　　　　　　　　　　　　　　　　　　　　　 550

(5) 借：应付账款——K 工厂　　　　　　　　　　　　　　 5 260

　　　　贷：银行存款　　　　　　　　　　　　　　　　　　　　　 5 260

(6) 借：原材料——甲材料　　　　　　　　　　　　　　　 6 150

　　　　　　——乙材料　　　　　　　　　　　　　　　　24 400

　　　　贷：在途物资——甲材料　　　　　　　　　　　　　　　　 6 150

　　　　　　　　　　——乙材料　　　　　　　　　　　　　　　　24 400

8. 答案

(1)

记 账 凭 证

2023 年 9 月 1 日　　　　　　　　　　记字第 1 号　附件 2 张

摘　要	会计科目		借方金额								记账	贷方金额								记账
	总账科目	明细科目	十	万	千	百	十	元	角	分		十	万	千	百	十	元	角	分	
车间管理人员报销办公费	制造费用					8	0	0	0	0										
	库存现金														8	0	0	0	0	
合计			¥	8	0	0	0	0				¥	8	0	0	0	0			

会计主管：　　　记账：　　　复核：　　　出纳：　　　制单：略

（由于篇幅所限，以下各题均以会计分录代替记账凭证。）

(2) 借：制造费用　　　　　　　　　　　　　　　　　　　 2 400

　　　　贷：原材料　　　　　　　　　　　　　　　　　　　　　　 2 400

(3) 借：生产成本——A　　　　　　　　　　　　　　　 150 000

　　　　　　　　——B　　　　　　　　　　　　　　　 190 000

　　　　贷：原材料　　　　　　　　　　　　　　　　　　　　　340 000

(4) 借：制造费用　　　　　　　　　　　　　　　　　　　　　500

　　　　贷：银行存款　　　　　　　　　　　　　　　　　　　　　　 500

（5）借：制造费用　16 000
　　　　贷：银行存款　16 000
（6）借：制造费用　1 300
　　　　贷：银行存款　1 300
（7）借：库存现金　121 600
　　　　贷：银行存款　121 600
（8）借：应付职工薪酬　121 600
　　　　贷：库存现金　121 600
（9）借：生产成本——A　60 000
　　　　　　　——B　40 000
　　　　　制造费用　21 600
　　　　贷：应付职工薪酬　121 600
（10）借：制造费用　17 000
　　　　贷：累计折旧　17 000
（11）借：制造费用　2 000
　　　　贷：原材料　2 000
（12）借：生产成本——A　36 960
　　　　　　　——B　24 640
　　　　贷：制造费用　61 600
（13）借：库存商品——A　246 960
　　　　贷：生产成本——A　246 960

9. 答案
（1）

记 账 凭 证

2023 年 8 月 6 日　　　　　　　　　　　记字第 1 号　附件 2 张

摘　要	会计科目		借方金额							记账	贷方金额							记账
	总账科目	明细科目	十	万	千	百	十	元	角	分		十	万	千	百	十	元	角	分	
销售甲产品	银行存款			3	3	9	0	0	0											
	主营业务收入	甲											3	0	0	0	0	0	
	应交税费	应交增值税（销项税额）												3	9	0	0	0	
	合计		¥	3	3	9	0	0	0			¥	3	3	9	0	0	0	

会计主管：　　记账：　　复核：　　出纳：　　制单：略

（由于篇幅所限，以下各题均以会计分录代替记账凭证。）

(2) 借：银行存款   30 510

   贷：主营业务收入——乙   27 000

     应交税费——应交增值税（销项税额）   3 510

(3) 借：应收账款——兴旺公司   6 780

   贷：主营业务收入——甲   6 000

     应交税费——应交增值税（销项税额）   780

(4) 借：销售费用   1 600

   贷：银行存款   1 600

(5) 借：主营业务成本——甲   4 500

       ——乙   12 000

   贷：库存商品——甲   4 500

      ——乙   12 000

(6) 借：银行存款   13 560

   贷：其他业务收入——甲材料   12 000

     应交税费——应交增值税（进项税额）   1 560

(7) 借：其他业务成本——甲材料   6 000

   贷：原材料——甲材料   6 000

10. 答案

(1)

记 账 凭 证

2023 年 11 月 1 日   记字第 1 号 附件 2 张

摘 要	会计科目		借方金额								记账	贷方金额								记账
	总账科目	明细科目	十	万	千	百	十	元	角	分		十	万	千	百	十	元	角	分	
销售 A 产品、B 产品	银行存款		1	9	8	8	8	0	0											
	主营业务收入	A											1	4	0	0	0	0	0	
		B												3	6	0	0	0	0	
	应交税费	应交增值税（销项税额）												2	2	8	8	0	0	
合计			¥	1	9	8	8	8	0	0		¥	1	9	8	8	8	0	0	

会计主管：   记账：   复核：   出纳：   制单：略

（由于篇幅所限，以下各题均以会计分录代替记账凭证。）

(2) 借：应收账款——博美公司   15 820

   贷：主营业务收入——A   8 000

        ——B   6 000

     应交税费——应交增值税（销项税额）   1 820

（3）借：销售费用　　　　　　　　　　　　　　　　2 000

　　　贷：银行存款　　　　　　　　　　　　　　　　　　2 000

（4）借：银行存款　　　　　　　　　　　　　　　　6 000

　　　贷：营业外收入　　　　　　　　　　　　　　　　　6 000

（5）借：银行存款　　　　　　　　　　　　　　　101 700

　　　贷：其他业务收入——甲材料　　　　　　　　　　90 000

　　　　　应交税费——应交增值税（销项税额）　　　　11 700

（6）借：管理费用　　　　　　　　　　　　　　　　1 280

　　　贷：银行存款　　　　　　　　　　　　　　　　　　1 280

（7）借：其他业务成本——甲材料　　　　　　　　　45 000

　　　贷：原材料——甲材料　　　　　　　　　　　　　　45 000

（8）借：主营业务成本——A　　　　　　　　　　　15 000

　　　　　　　　　　　——B　　　　　　　　　　　2 100

　　　贷：库存商品——A　　　　　　　　　　　　　　　15 000

　　　　　　　　　　——B　　　　　　　　　　　　　　2 100

（9）借：财务费用　　　　　　　　　　　　　　　　　　20

　　　贷：银行存款　　　　　　　　　　　　　　　　　　　20

（10）借：主营业务收入——A　　　　　　　　　　22 000

　　　　　　　　　　　　——B　　　　　　　　　　9 600

　　　　其他业务收入——甲材料　　　　　　　　　90 000

　　　　营业外收入　　　　　　　　　　　　　　　　6 000

　　　贷：本年利润　　　　　　　　　　　　　　　　　127 600

　　　借：本年利润　　　　　　　　　　　　　　　　65 400

　　　贷：销售费用　　　　　　　　　　　　　　　　　　2 000

　　　　管理费用　　　　　　　　　　　　　　　　　　1 280

　　　　其他业务成本——甲材料　　　　　　　　　　45 000

　　　　主营业务成本——A　　　　　　　　　　　　15 000

　　　　　　　　　　　——B　　　　　　　　　　　2 100

　　　　财务费用　　　　　　　　　　　　　　　　　　　20

　　本年利润总额 = 127 600 − 65 400 = 62 200（元）

（11）应交所得税 = 62 200 × 25% = 15 550（元）

　　　借：所得税费用　　　　　　　　　　　　　　　15 550

　　　贷：应交税费——应交所得税　　　　　　　　　　15 550

（12）借：本年利润　　　　　　　　　　　　　　　15 550

　　　贷：所得税费用　　　　　　　　　　　　　　　　15 550

（13）本年净利润 = 62 200 − 15 550 = 46 650（元）

　　　借：本年利润　　　　　　　　　　　　　　　　46 650

　　　贷：利润分配——未分配利润　　　　　　　　　　46 650

（14）提取法定盈余公积金 = 46 650 × 10% = 4 665 （元）

提取任意盈余公积金 = 46 650 × 5% = 2332.5 元

借：利润分配——提取法定盈余公积   4 665

    ——提取任意盈余公积   2 332.5

    贷：盈余公积——法定盈余公积   4 665

    ——任意盈余公积   2 332.5

（15）向投资者分配的利润 = 46 650 × 30% = 13 995 （元）

借：利润分配——应付现金股利   13 995

    贷：应付股利   13 995

（16）借：利润分配——未分配利润   20 992.5

    贷：利润分配——提取法定盈余公积   4 665

    ——提取任意盈余公积   2 332.5

    ——应付现金股利   13 995

归纳总结：对完答案了，我要重点复习的题目及知识点有

（五）案例分析题

1. 案例提示：本案例中的事例表明："总分类账户发生额及余额试算平衡表"只是用来检查一定会计期间全部账户的登记是否正确的一种基本方法，只有在所试算期间的经济业务全部登记入账的基础上，才能利用该表进行度试算平衡。但试算平衡表并不是万能的，试算表编制完毕，如果期初余额、本期发生额和期末余额三组数字是相互平衡的，只能说明账务处理过程基本正确，而不能保证账务处理过程万无一失。这是由于通过编制"总分类账户发生额及余额试算平衡表"可能会发现账务处理过程中的某些问题，如在登记账户过程中，漏记了一笔经济业务的借方或贷方某一方的发生额，将借方或贷方某一方的发生额写多或写少，以及在记账或从账户向试算平衡表抄列金额的过程中将数字的位次搞颠倒等。但有些在账务处理过程发生的错账，如把整笔经济业务漏记或重记了，在登记账户过程中将借方、贷方金额的记账方向彼此颠倒了，或者记账方向正确但记错了账户等情况，并不会影响试算表

的平衡关系。因而，一定要细心地处理好每一笔经济业务，只有保证每一笔经济业务处理的准确性，才有可能保证"总分类账户发生额及余额试算平衡表"编制上的正确性。

2. 案例提示：该餐饮公司 2022 年的有关损益项目确定如下：

收入 = 420 000 + 50 000 + 32 000 = 502 000（元）

费用 = 260 000 + 21 000 + 145 000 + 40 000 = 466 000（元）

利润 = 502 000 – 466 000 = 36 000（元）

通过上述计算可以看出，张士达经营的餐饮公司，开业一年来实现的经营成果是盈利 36 000 元。由于张士达原在事业单位任职，月薪 1 500 元，年薪即为 18 000 元，显然，张士达开办的餐饮公司获得的盈利要超过其在单位任职的收入，也就是说，张士达辞去公职而开办公司是合适的。

对于本案例，需要注意，张士达个人的支出 20 000 元不能作为公司的开支。因为按照会计主体前提条件的要求，公司的会计只核算本公司的业务，必须将公司这个会计主体的业务与公司所有者即张士本人的业务区别开来。另外，对于张士达来说，在做出这个决策时，需要考虑一下借款投资的利息问题，在本例中，借款的年利息额为 4 000 元（100 000 × 4%），但这个利息额度比较小，所以，并不改变最终的结果。

3. 案例提示：（1）小刘的计算过程存在如下问题：一是在计算营业利润时，应当扣除销售费用、管理费用和财务费用，还要加上投资收益，由于小刘搞错了营业利润的组成内容，导致营业利润计算结果错误；二是计算利润总额时，将期间费用和投资收益的内容均列在计算公式中，尽管结果正确，但搞错了配比关系。

（2）正确的计算方法应当是：

①营业利润 = 2 400 000 + 60 000 – 1 250 000 – 50 000 – 60 000 – 120 000 – 9 000 + 60 000 = 1 031 000（元）

②利润总额 = 1 031 000 – 40 000 = 991 000（元）

③所得税 = 991 000 × 25% = 247 750（元）

④净利润 = 991 000 – 247 750 = 743 250（元）

（3）因为利润总额是相关的收入和费用之间配比的结果，不管中间环节出了什么问题，只要将所有的收入和费用考虑进来，就不会影响利润总额的计算结果，也就不会影响所得税和净利润的计算。

小组讨论经典记录：

二、评一评：初级会计资格考试练习题解析

（一）单项选择题

1. 参考答案：B

试题评析： 费用是指企业在日常活动中发生的、会导致所有者权益减少的，与向所有者分配利润无关的经济利益的总流出。费用按照与收入的配比关系不同，可分为营业成本和期间费用。因此，营业成本和期间费用的确认必须符合关于费用定义，都是在日常活动中发生的、会导致所有者权益减少的，并导致经济利益的流出。

2. 参考答案：C

试题评析： 收到投资者投入的设备，引起资产增加，负债无影响；购入材料，货款未付，引起资产与负债同时增加；以银行存款归还前欠货款，一方面引起了银行存款的减少，银行存款为资产，另一方面引起了应付账款的减少，应付账款属于负债。生产产品领用材料，引起资产内部一增一减，负债无影响。

3. 参考答案：B

试题评析： 根据会计恒等式"资产＝负债＋所有者权益"，资产增加400万元，在负债不变的情况下，将引起所有者权益增加400万元；负债减少250万元，在资产不变的情况下，将引起所有者权益增加250万元。故不考虑其他因素，所有者权益应增加400＋250＝650（万元）。因此本题答案为B。

4. 参考答案：C

试题评析： A引起资产和负债同时增加；B引起资产和负债同时减少；D引起资产和负债同时增加，只有C选项引起资产内部会计要素此增彼减。

5. 参考答案：A

试题评析： BC属于固定资产，D属于无形资产，都属于非流动资产。

6. 参考答案：D

试题评析： 企业的资产来源于所有者的投入资本和债权人的借入资金及其在生产经营中所产生的效益，分别归属于所有者和债权人。归属于所有者的部分形成所有者权益；归属于债权人的部分形成债权人权益（即企业的负债）。资产来源于权益（包括所有者权益和债权人权益），资产与权益必然相等。即从数量上看，有一定数额的资产必然有一定数额的权益。

7. 参考答案：B

试题评析： ①向银行借入资金150万元，存入企业存款账户，增加银行存款150万元，同时增加负债150万元。②购买材料65万元，以银行存款支付。那么增加原材料65万元，同时减少银行存款65万元。③购买材料85万元，货款未付，那么增加原材料85万元，同时增加负债85万元。所以本期资产变动额＝150＋65－65＋85＝235（万元），该企业资产＝800＋235＝1 035（万元）。

8. 参考答案：C

试题评析： 银行将短期借款转为对本公司的投资，会引起负债减少，所有者权益增加。

9. 参考答案：D

试题评析： 流动资产是指企业可以在1年内或超过1年的一个营业周期内变现的资产。

10. **参考答案**：A

试题评析：资产、负债和所有者权益是反映财务状况的会计要素。

11. **参考答案**：B

试题评析："应收账款""固定资产"和"应收票据"都属于资产类账户，"预收账款"属于负债类账户。

12. **参考答案**：D

试题评析：以银行存款140万元购进原材料，导致"银行存款"减少140万元，"原材料"增加140万元，资产总额不变；以银行存款180万元发放工资，导致"银行存款"减少180万元，"应付职工薪酬"即负债减少180万元。资产总额减少180万，即资产总额为650 − 180 = 470（万元）。

13. **参考答案**：C

试题评析：损益类账户中反映费用类账户的有"主营业务成本""其他业务成本""销售费用""管理费用"和"财务费用"等。

14. **参考答案**：A

试题评析：账户的哪一方登记增加额，哪一方登记减少额，则取决于企业所采用的记账方法和所记录经济内容的性质。

15. **参考答案**：A

试题评析：企业实际收到投资人投入资产应计入"实收资本"科目。

16. **参考答案**：A

试题评析：库存现金期末余额为：8 650 − 7 200 − 960 + 10 800 = 11 290（元）。故选A。

17. **参考答案**：C

试题评析：根据资产与权益的恒等关系以及借贷记账法的记账规则，检查所有科目记录是否正确的过程称为试算平衡。

18. **参考答案**：D

试题评析："长期借款"账户是负债类账户，期末余额在贷方。权益类会计科目期末贷方余额 = 期初贷方余额 + 本期贷方发生额 − 本期借方发生额。则100 000 = 期初贷方余额 + 60 000 − 80 000，故该账户期初贷方余额 = 100 000 + 80 000 − 60 000 = 120 000（元）。故选择D项，排除ABC项。

19. **参考答案**：B

试题评析：因为期初借方余额 + 本期借方发生额 − 本期贷方发生额 = 期末借方余额，所以该账户的本期借方发生额 = 8 400 + 12 000 − 5 000 = 15 400（元）。因此本题答案为B。

20. **参考答案**：C

试题评析："预收账款"账户本来属于负债类，其余额一般在贷方，期末贷方余额 = 期初贷方余额 + 贷方发生额 − 借方发生额。题中期初余额在借方时，可表现为负数。因此期末余额 = −5 000 + 9 000 − 3 000 = 1 000（元），本期期末为贷方余额1 000元。

21. **参考答案**：B

试题评析：企业期末结转利润时，应将各损益类账户的累计发生额转入"本年利润"账户，结平各损益类账户。结转后，"本年利润"账户的贷方余额为当期实现净利润，借方余额为当期发生的净亏损。

22. **参考答案**：C

试题评析：10月1日"本年利润"账户期初贷方余额20万元，就说明9月30日"本年利润"账户期末贷方余额为20万元，即为1—9月份的累计净利润。

23. **参考答案**：D

试题评析：违约金、罚款应计入营业外支出。

24. **参考答案**：D

试题评析：材料直接用于生产产品，应通过"生产成本"核算。该项经济业务编制的会计分录为：

借：生产成本　　　　　　　　　　　　　　　　　　　　　　　5 000

　贷：原材料　　　　　　　　　　　　　　　　　　　　　　　　　5 000

25. **参考答案**：D

试题评析：根据会计凭证的保管期限要求，期满前不得任意销毁。

（二）多项选择题

1. **参考答案**：AC

试题评析：我国《企业会计准则——基本准则》将会计要素划分为资产、负债、所有者权益、收入、费用和利润六类，其中，前三类属于反映财务状况的会计要素，在资产负债表中列示；后三类属于反映经营成果的会计要素，在利润表中列示。

2. **参考答案**：ABC

试题评析：所有者权益的主要内容有：实收资本、资本公积、盈余公积和未分配利润等，而所得税费用对企业来说是一项费用，故选ABC。

3. **参考答案**：CD

试题评析：利润金额取决于收入和费用、直接计入当期利润的利得和损失金额的计量。与资产和负债无关。

4. **参考答案**：ACD

试题评析：本题考核会计等式"收入－费用＝利润"的相关内容。"收入－费用＝利润"是动态会计等式。

5. **参考答案**：ABCD

试题评析：按损益的不同内容，可以分为反映收入的科目和反映费用的科目。反映收入的科目有"主营业务收入""其他业务收入"等；反映费用的科目有"主营业务成本""其他业务成本""销售费用""管理费用""财务费用"等。

6. **参考答案**：ABCD

试题评析：账户记录金额通常可以提供四个金额要素：期初余额、本期增加发生额、本期减少发生额、期末余额。因此，本题正确答案为ABCD。本题要注意，账户的要素是"本期增加额"和"本期减少额"，而不是"借方发生额"和"贷方发生额"。

7. **参考答案**：ABCD

试题评析：资产类账户的借方表示增加，贷方表示减少，其期初和期末余额均在借方；权益类账户的贷方表示增加，借方表示减少，其期初和期末余额均在贷方。

8. **参考答案**：BC

试题评析：整笔经济业务漏记或者整笔经济业务重记，这样借方和贷方都是同时增加或者减少相同的金额，所以，在这样的情况下，试算平衡表依然是平衡的。

9. **参考答案**：ABCD

试题评析：期末的时候本年利润科目的余额应该转入"利润分配——未分配利润"科目；而当期的利润分配事项中利润分配的明细科目如"应付现金股利""盈余公积补亏""提取法定盈余公积"等都是要转入"利润分配——未分配利润"明细科目的。

10. **参考答案**：ABC

试题评析：收入是指企业在日常活动中形成的，会导致所有者权益增加，与所有者投入资本无关的经济利益的总流入。选项ABC属于收入类会计要素的特征。

11. **参考答案**：AB

试题评析：该项经济业务应编制的会计分录为：

借：无形资产　　　　　　　　　　500 000（收到专利权）
　　贷：实收资本　　　　　　　　　　　　500 000（企业实际收到投资人投入资产）

12. **参考答案**：ABC

试题评析："库存商品"借方登记验收入库的库存商品成本，贷方登记发出的库存商品成本，期末余额在借方，反映各种库存商品的实际成本或计划成本。因此选项ABC正确。

13. **参考答案**：ABC

试题评析："主营业务收入"账户借方登记因销售退回而冲减的销售收入以及期末转入"本年利润"账户的数额，贷方登记企业销售产品或提供劳务时实现的销售收入。该账户期末结转后无余额。

14. **参考答案**：AB

试题评析：记账凭证的基本要素包括：①记账凭证的名称；②填制凭证的日期；③记账凭证的编号；④有关经济业务内容摘要；⑤有关账户的名称（包括总账、明细分类账）、方向和金额；⑥记账标记；⑦有关原始凭证张数和其他有关资料份数；⑧有关人员的签名或盖章。

15. **参考答案**：AC

试题评析：收款凭证是指用于记录库存现金和银行存款收款业务的会计凭证。

(三) 判断题

1. **参考答案**：错误

试题评析：资产必须是企业拥有或控制的且能够给企业带来经济利益流入的经济资源。

2. **参考答案**：错误

试题评析：负债是企业过去交易或事项形成的，预期会导致经济利益流出企业的现时义务，而不是未来义务。

3. **参考答案**：错误

试题评析：负债是指企业过去的交易或者事项形成的，预期会导致经济利益流出企业的现时义务。未来发生的交易或者事项形成的义务，不属于现时义务，不应当确认为负债。

4. **参考答案**：错误

试题评析：费用是指企业在日常活动中发生的、会导致所有者权益减少的、与向所有者分配利润无关的经济利益的总流出。成本是指企业为生产产品、提供劳务而发生的各种耗费，是按一定的产品或劳务对象所归集的费用，是对象化了的费用。

5. **参考答案**：正确

试题评析：所有者权益又称为净资产，是指企业资产扣除负债后由所有者享有的剩余权益。所以其确认计量会依赖资产和负债的确认与计量。

6. **参考答案**：错误

试题评析：权益包括负债和所有者权益。

7. **参考答案**：错误

试题评析：利润是指企业在一定会计期间的经营成果。

8. **参考答案**：错误

试题评析：会计恒等式是指"资产＝负债＋所有者权益""收入－费用＝利润"。"有借必有贷，借贷必相等"属于借贷记账法的记账原则。

9. **参考答案**：错误

试题评析："资产＝负债＋所有者权益"这个会计恒等式是资金运动的静态表现，而不是动态表现。

10. **参考答案**：错误

试题评析：因为有一些经济业务的发生虽然不会破坏会计恒等式的平衡关系，但它会引起等式两边余额的同增或同减。

11. **参考答案**：正确

试题评析：企业接受投资者的实物投资导致了该企业的固定资产增加和实收资本增加，即导致了资产和所有者权益同时增加。

12. **参考答案**：正确

试题评析：向银行取得一笔短期借款并存入银行，借记"银行存款"，贷记"短期借款"，资产和负债同时增加。因此本题说法正确。

13. **参考答案**：正确

试题评析：费用是指企业在日常活动中发生的，会导致所有者权益减少的，与向所有者分配利润无关的经济利益的总流出。企业行政部门领用材料应计入"管理费用"。

14. **参考答案**：错误

试题评析：总分类科目也称"总账科目"或"一级科目"，它是对会计要素具体内容进行总括分类、提供总括信息的会计科目。明细分类科目也称"明细科目"，它是对总分类科目做进一步分类，提供更详细、更具体会计信息的科目。为了适应管理工作的要求，对于明细科目较多的总分类科目，可在总分类科目与明细科目之间设置二级或多级科目，如设置二级明细科目、三级明细科目等。

15. **参考答案**：错误

试题评析：预付账款属于资产类科目。

16. **参考答案**：错误

试题评析：损益类会计科目包括收入类会计科目和费用类会计科目。费用类账户借方登记增加额，贷方登记减少额；收入类账户借方登记减少额，贷方登记增加额。

17. **参考答案**：错误

试题评析：试算平衡只是通过借贷金额是否平衡来检查账户记录是否正确的一种方法。

如果借贷双方发生额或余额相等，可以表明账户记录基本正确，但有些错误并不影响借贷双方的平衡，因此，试算不平衡，表示记账一定有错误，但试算平衡时，不能表明记账一定正确。

18. **参考答案**：正确

试题评析：期末借方余额 = 期初借方余额 + 本期借方发生额 − 本期贷方发生额 = 10 + 5 − 3 = 12（万元）。

19. **参考答案**：正确

试题评析：根据"期末余额 = 期初余额 + 本期增加发生额 − 本期减少发生额"的等式计算得出该科目期末余额 = 5 + 8 − 4 = 9（万元）。

20. **参考答案**：错误

试题评析：借贷记账法用"借""贷"作为记账符号，把会计科目左方称为借方、会计科目右方称为贷方。采用借贷记账法，所有科目的借方和贷方按相反方向记录，也就是一方记增加额，另一方就记减少额。

21. **参考答案**：正确

试题评析：借贷方向记错，不会影响借贷双方的平衡关系。

22. **参考答案**：错误

试题评析：试算平衡法是从账户的发生额和余额的角度验证记账是否正确的方法，但它不能发现全部记账过程中的错误和遗漏。如果遇到题中所说的记账错误，要通过其他方法核对检查。

23. **参考答案**：正确

试题评析：企业计提短期借款利息时，应借记"财务费用"，贷记"应付利息"。

24. **参考答案**：错误

试题评析：罚款利得计入营业外收入。

25. **参考答案**：错误

试题评析：原始凭证原则上不得外借，其他单位如有特殊原因确实需要使用时，经本单位负责人批准，可以查阅或者复制。

归纳总结：对于考证，我还要重点复习的知识点有

本项目实训练习自我总结：

1. 重点：
2. 难点：
3. 易错点：
4. 我的漏洞：

项目四 汇总经济业务，掌握登记账簿的方法

（一）单项选择题

1. C	2. D	3. D	4. D	5. B
6. C	7. B	8. A	9. B	10. A
11. A	12. B	13. A	14. D	15. A
16. D	17. C	18. C	19. C	20. C
21. B	22. B	23. B	24. B	25. B
26. B	27. B	28. C	29. C	30. B

（二）多项选择题

1. BD	2. AD	3. ACD	4. BCD	5. AB
6. ABC	7. AC	8. BCD	9. AC	10. ABCD
11. ABC	12. BD	13. ABD	14. AB	15. CD
16. ABC	17. ABC	18. BD	19. BCD	20. ABCD
21. BD	22. ABC	23. ABCD	24. ABCD	25. ACD
26. ABC	27. ABC	28. BC	29. AB	30. ABCD

（三）判断题

1. √	2. ×	3. √	4. √	5. √
6. √	7. ×	8. √	9. √	10. ×
11. ×	12. √	13. √	14. ×	15. ×
16. √	17. √	18. √	19. √	20. √
21. √	22. √	23. √	24. ×	25. ×
26. ×	27. ×	28. ×	29. √	30. √

（四）业务题

1. 答案：（1）

记　账　凭　证

2023 年 8 月 1 日　　　　　　　　　　　　　　记字第 10 号　附件 2 张

摘　要	会计科目		借方金额								记账	贷方金额								记账
	总账科目	明细科目	十	万	千	百	十	元	角	分		十	万	千	百	十	元	角	分	
收到投资	银行存款			2	5	0	0	0	0	0										
	实收资本	丽达公司											2	5	0	0	0	0	0	
	合计		¥	2	5	0	0	0	0	0		¥	2	5	0	0	0	0	0	

会计主管：　　　记账：　　　复核：　　　出纳：　　　制单：略

（由于篇幅所限，以下各题均以会计分录代替记账凭证。）

（2）借：短期借款　　　　　　　　　　　　　　　　　　10 000
　　　贷：银行存款　　　　　　　　　　　　　　　　　　　　　10 000

（3）借：应付账款　　　　　　　　　　　　　　　　　　20 000
　　　贷：银行存款　　　　　　　　　　　　　　　　　　　　　20 000

（4）借：银行存款　　　　　　　　　　　　　　　　　　1 000
　　　贷：库存现金　　　　　　　　　　　　　　　　　　　　　1 000

（5）借：其他应收款　　　　　　　　　　　　　　　　　800
　　　贷：库存现金　　　　　　　　　　　　　　　　　　　　　800

（6）借：库存现金　　　　　　　　　　　　　　　　　　2 000
　　　贷：银行存款　　　　　　　　　　　　　　　　　　　　　2 000

（7）借：银行存款　　　　　　　　　　　　　　　　　　50 000
　　　贷：应收账款　　　　　　　　　　　　　　　　　　　　　50 000

（8）借：在途物资　　　　　　　　　　　　　　　　　　40 000
　　　贷：银行存款　　　　　　　　　　　　　　　　　　　　　40 000

（9）借：在途物资　　　　　　　　　　　　　　　　　　1 000
　　　贷：银行存款　　　　　　　　　　　　　　　　　　　　　1 000
　　　借：原材料　　　　　　　　　　　　　　　　　　　41 000
　　　　贷：在途物资　　　　　　　　　　　　　　　　　　　　41 000

（10）借：库存现金　　　　　　　　　　　　　　　　　18 000
　　　贷：银行存款　　　　　　　　　　　　　　　　　　　　　18 000

（11）借：应付职工薪酬　　　　　　　　　　　　　　　18 000
　　　贷：库存现金　　　　　　　　　　　　　　　　　　　　　18 000

（12）借：制造费用   1 800
　　　　贷：银行存款   1 800
（13）借：银行存款   51 750
　　　　贷：主营业务收入   51 750
（14）借：销售费用   410
　　　　贷：银行存款   410
（15）借：应交税费——应交增值税（已交税金）   3 500
　　　　贷：银行存款   3 500

银行存款日记账和库存现金日记账分别见答表4-1和答表4-2。

答表 4-1　银行存款日记账

2023年		凭证		对方科目	摘要	借　方									贷　方									余　额								
月	日	种类	号数			百	十	万	千	百	十	元	角	分	百	十	万	千	百	十	元	角	分	百	十	万	千	百	十	元	角	分
8	1				上月结转																			3	0	0	0	0	0	0		
	1	记	10	实收资本	投资者投入资金	2	5	0	0	0	0	0												5	5	0	0	0	0	0		
	2	记	11	短期借款	还短期借款										1	0	0	0	0	0	0			4	5	0	0	0	0	0		
	5	记	12	应付账款	偿付应付账款										2	0	0	0	0	0	0			2	5	0	0	0	0	0		
	8	记	13	库存现金	存现		1	0	0	0	0	0												2	6	0	0	0	0	0		
	10	记	16	库存现金	提现											2	0	0	0	0	0			2	4	0	0	0	0	0		
	13	记	17	应收账款	收到应收账款	5	0	0	0	0	0	0												7	4	0	0	0	0	0		
	15	记	18	材料采购	购入材料										4	0	0	0	0	0	0			3	4	0	0	0	0	0		
	17	记	19	材料采购	支付运费											1	0	0	0	0	0			3	3	0	0	0	0	0		
	20	记	21	库存现金	提现										1	8	0	0	0	0	0			1	5	0	0	0	0	0		

续表

月	日	种类	号数	对方科目	摘要	借方百	借方十	借方万	借方千	借方百	借方十	借方元	借方角	借方分	贷方百	贷方十	贷方万	贷方千	贷方百	贷方十	贷方元	贷方角	贷方分	余额百	余额十	余额万	余额千	余额百	余额十	余额元	余额角	余额分
	25	记	23	制造费用	支付电费													1	8	0	0	0	0			1	3	2	0	0	0	0
	27	记	24	主营业务收入	销售货物			5	1	7	5	0	0	0												6	4	9	5	0	0	0
	29	记	26	销售费用	支付销售费用														4	1	0	0	0			6	4	5	4	0	0	0
	30	记	27	应交税费	交增值税													3	5	0	0	0	0			6	1	0	4	0	0	0
	31				本月合计		1	2	7	7	5	0	0	0			9	6	7	1	0	0	0			6	1	0	4	0	0	0

答表 4-2　库存现金日记账

月	日	种类	号数	对方科目	摘要	借方百	借方十	借方万	借方千	借方百	借方十	借方元	借方角	借方分	贷方百	贷方十	贷方万	贷方千	贷方百	贷方十	贷方元	贷方角	贷方分	余额百	余额十	余额万	余额千	余额百	余额十	余额元	余额角	余额分
8	1				上月结转																						3	0	0	0	0	0
	8	记	13	银行存款	存现													1	0	0	0	0	0				2	0	0	0	0	0
	8	记	14	其他应收款	暂付差旅费				2	0	0	0	0	0					8	0	0	0	0				1	2	0	0	0	0
	10	记	16	银行存款	提现			1	8	0	0	0	0	0													3	2	0	0	0	0
	20	记	21	银行存款	提现													1	8	0	0	0	0			2	1	2	0	0	0	0
	24	记	22	应付职工薪酬	付工资																						3	2	0	0	0	0
	31				本月合计			2	0	0	0	0	0	0			1	9	8	0	0	0	0				3	2	0	0	0	0

2. 答案

（1）

记 账 凭 证

2023 年 11 月 5 日　　　　　　　　　记字第 11 号　附件 2 张

摘　要	会计科目		借方金额								记账	贷方金额								记账
	总账科目	明细科目	十	万	千	百	十	元	角	分		十	万	千	百	十	元	角	分	
收到亨氏归还欠款	银行存款			1	0	0	0	0	0	0										
	应收账款	亨氏企业											1	0	0	0	0	0	0	
	合计		¥	1	0	0	0	0	0	0		¥	1	0	0	0	0	0	0	

会计主管：　　　　记账：　　　　复核：　　　　出纳：　　　　制单：略

（由于篇幅所限，以下各题均以会计分录代替记账凭证。）

（2）借：应收账款——邦正企业　　　　　　　　　　　33 900
　　　贷：主营业务收入　　　　　　　　　　　　　　　　　30 000
　　　　　应交税费——应交增值税（销项税额）　　　　　3 900

（3）借：应收账款——亨氏企业　　　　　　　　　　　22 600
　　　贷：主营业务收入　　　　　　　　　　　　　　　　　20 000
　　　　　应交税费——应交增值税（销项税额）　　　　　2 600

（4）借：银行存款　　　　　　　　　　　　　　　　　8 000
　　　贷：应收账款——邦正企业　　　　　　　　　　　　　8 000

（5）借：银行存款　　　　　　　　　　　　　　　　　22 600
　　　贷：应收账款——亨氏企业　　　　　　　　　　　　　22 600

（6）借：应收账款——亨氏企业　　　　　　　　　　　11 300
　　　贷：主营业务收入　　　　　　　　　　　　　　　　　10 000
　　　　　应交税费——应交增值税（销项税额）　　　　　1 300

亨氏企业和邦正企业应收账款明细分类账见答表 4-3 和答表 4-4。

答表 4-3　应收账款明细分类账

账户名称：亨氏企业

2023 年		凭证编号	摘　要	借　方	贷　方	借或贷	余　额
月	日						
11	1		月初余额			借	10 000
	5	记字 11 号	收到欠款		10 000	借	0
	15	记字 17 号	销售商品	22 600		借	22 600
	22	记字 25 号	收到欠款		22 600	借	0
	30	记字 30 号	销售商品	11 300		借	11 300
	30		本月合计	33 900	32 600	借	11 300

答表 4-4　应收账款明细分类账

账户名称：邦正企业

2023 年		凭证编号	摘　要	借　方	贷　方	借或贷	余　额
月	日						
11	1		月初余额			借	8 000
	10	记字 15 号	销售商品	33 900		借	41 900
	18	记字 20 号	收到货款		8 000	借	33 900
	30		本月合计	33 900	8 000	借	33 900

3. 答案

（1）

记 账 凭 证

2023 年 9 月 2 日　　　　　　　　　　　　　　　　记字第 5 号　附件 3 张

摘　要	会计科目		借方金额								记账	贷方金额								记账
	总账科目	明细科目	十	万	千	百	十	元	角	分		十	万	千	百	十	元	角	分	
支付广告费	销售费用	广告费		2	0	0	0	0	0	0										
		银行存款											2	0	0	0	0	0	0	
	合计		¥	2	0	0	0	0	0	0		¥	2	0	0	0	0	0	0	

会计主管：　　　记账：　　　　复核：　　　　出纳：　　　　制单：略

（由于篇幅所限，以下各题均以会计分录代替记账凭证。）

（2）借：销售费用——报刊费　　　　　　　　1 000
　　　贷：银行存款　　　　　　　　　　　　　　　1 000

（3）借：销售费用——电话费　　　　　　　　1 200
　　　贷：银行存款　　　　　　　　　　　　　　　1 200

（4）借：销售费用——油费　　　　　　　　　　500
　　　贷：库存现金　　　　　　　　　　　　　　　　500

（5）借：销售费用——招待费　　　　　　　　1 000
　　　贷：库存现金　　　　　　　　　　　　　　　1 000

（6）借：销售费用——水电费　　　　　　　　2 560
　　　贷：银行存款　　　　　　　　　　　　　　　2 560

（7）借：销售费用——工资　　　　　　　　15 000
　　　贷：应付职工薪酬——工资　　　　　　　　15 000

销售费用明细账

2023 年		凭证号	摘　要	借方金额	贷方金额	余　额	（借）方分析							
月	日						广告费	报刊费	电话费	油费	招待费	水电费	工资	…
9	2	记字 5 号	支付广告费	20 000		20 000	20 000							
	10	记字 15 号	支付报刊费	1 000		21 000		1 000						
	15	记字 20 号	支付电话费	1 200		22 200			1 200					
	18	记字 22 号	支付油费	500		22 700				500				
	20	记字 25 号	支付招待费	1 000		23 700					1 000			
	30	记字 27 号	支付水电费	2 560		26 260						2 560		
	30	记字 28 号	计算销售部工资	15 000		41 260							15 000	

4. 答案

（1）

记 账 凭 证

2023 年 9 月 5 日　　　　　　　　　　记字第 10 号　附件 2 张

摘　要	会计科目		借方金额								记账	贷方金额								记账
	总账科目	明细科目	十	万	千	百	十	元	角	分		十	万	千	百	十	元	角	分	
结转销售成本	主营业务成本			9	0	0	0	0	0	0										
	库存商品	A 产品											9	0	0	0	0	0	0	
	合计		¥	9	0	0	0	0	0	0		¥	9	0	0	0	0	0	0	

会计主管：　　　记账：　　　复核：　　　出纳：　　　制单：略

（由于篇幅所限，以下各题均以会计分录代替记账凭证。）

（2）借：主营业务成本　　　　　　　　　　　　　　400 000

　　　贷：库存商品——B 产品　　　　　　　　　　　　　400 000

（3）借：库存商品——A 产品　　　　　　　　　　　60 000

　　　　　　　　——B 产品　　　　　　　　　　240 000

　　　贷：生产成本——A 产品　　　　　　　　　　　　60 000

　　　　　　　　——B 产品　　　　　　　　　　　　240 000

（4）借：主营业务成本　　　　　　　　　　　　　　80 000

　　　贷：库存商品——B 产品　　　　　　　　　　　　80 000

（5）借：主营业务成本　　　　　　　　　　　　　　45 000

贷：库存商品——A产品　　　　　　　　　　　　　　　　　　　45 000

库存商品总分类账及A产品和B产品库存商品明细账见答表4-5～答表4-7。

答表4-5　库存商品总分类账

2023年 月	日	凭证编号	摘　要	借　方	贷　方	借或贷	余　额
9	1		月初余额			借	1 040 000
	5	记字10号	结转销售成本		90 000	借	950 000
	7	记字15号	结转销售成本		400 000	借	550 000
	15	记字20号	结转完工产品成本	300 000		借	850 000
	16	记字25号	结转销售成本		80 000	借	770 000
	20	记字28号	结转销售成本		45 000	借	725 000
	30		本月合计	300 000	615 000	借	725 000

答表4-6　库存商品明细账

存放地点＿＿＿　最高存量＿＿＿　最低存量＿＿＿　计量单位＿件＿　名称及规格＿A产品＿　货号＿＿＿

2023年 月	日	凭证号码	摘　要	收入 数量	单价	金额	发出 数量	单价	金额	结余 数量	单价	金额
9	1		月初余额							8 000	30	240 000
	5	记字10号	结转销售成本				3 000	30	90 000	5 000	30	150 000
	15	记字20号	结转完工产品成本	2 000	30	60 000				7 000	30	210 000
	20	记字28号	结转销售成本				1 500	30	45 000	5 500	30	165 000
	30		本月合计	2 000	30	60 000	4 500	30	135 000	5 500	30	165 000

答表4-7　库存商品明细账

存放地点＿＿＿　最高存量＿＿＿　最低存量＿＿＿　计量单位＿件＿　名称及规格＿B产品＿货号＿＿＿

2023年 月	日	凭证号码	摘　要	收入 数量	单价	金额	发出 数量	单价	金额	结余 数量	单价	金额
9	1		月初余额							10 000	80	800 000
	7	记字15号	结转销售成本				5 000	80	400 000	5 000	80	400 000
	15	记字20号	结转完工产品成本	3 000	80	240 000				8 000	80	640 000
	16	记字25号	结转销售成本				1 000	80	80 000	7 000	80	560 000
	30		本月合计	3 000	80	240 000	6 000	80	480 000	7 000	80	560 000

5. 答案
（1）

记 账 凭 证

2023 年 8 月 4 日 　　　　　　　　　　　　记字第 12 号　附件 4 张

摘　要	会计科目		借方金额								记账	贷方金额								记账
	总账科目	明细科目	十	万	千	百	十	元	角	分		十	万	千	百	十	元	角	分	
购入原材料	原材料	甲材料		1	0	0	0	0	0	0										
		乙材料		1	8	0	0	0	0	0										
	应交税费	应交增值税（进项税额）			3	6	4	0	0	0										
	应付账款	建威企业											3	1	6	4	0	0	0	
	合计		¥	3	1	6	4	0	0	0		¥	3	1	6	4	0	0	0	

会计主管：　　　记账：　　　复核：　　　出纳：　　　制单：略

（由于篇幅所限，以下各题均以会计分录代替记账凭证。）
（2）借：原材料——甲材料　　　　　　　　　　　　　　　20 000
　　　　应交税费——应交增值税（进项税额）　　　　　　 2 600
　　　　贷：应付账款——民胜企业　　　　　　　　　　　　　　22 600
（3）借：应付账款——建威企业　　　　　　　　　　　　　20 000
　　　　　　　　——民胜企业　　　　　　　　　　　　　10 000
　　　　贷：银行存款　　　　　　　　　　　　　　　　　　　　30 000
（4）借：原材料——乙材料　　　　　　　　　　　　　　　14 400
　　　　应交税费——应交增值税（进项税额）　　　　　　 1 872
　　　　贷：应付账款——建威企业　　　　　　　　　　　　　　16 272

总分类账户及建威企业和民胜企业应付账款明细分类账见答表 4-8 ~ 答表 4-10。

答表 4-8　总分类账户

账户名称：应付账款

2023 年		凭证编号	摘　要	借　方	贷　方	借或贷	余　额
月	日						
8	1		月初余额			贷	20 000
	4	记字 12 号	购入材料		31 640	贷	51 640
	8	记字 18 号	购入材料		22 600	贷	74 240
	23	记字 22 号	归还前欠货款	30 000		贷	44 240
	26	记字 28 号	购入材料		16 272	贷	60 512
	31		本月合计	30 000	70 512	贷	60 512

答表 4-9　应付账款明细分类账

账户名称：建威企业

2023 年		凭证编号	摘　要	借　方	贷　方	借或贷	余　额
月	日						
8	1		月初余额			贷	15 000
	4	记字 12 号	购入材料		31 640	贷	46 640
	23	记字 22 号	归还前欠货款	20 000		贷	26 640
	26	记字 28 号	购入材料		16 272	贷	42 912
	31		本月合计	20 000	47 912	贷	42 912

答表 4-10　应付账款明细分类账

账户名称：民胜企业

2023 年		凭证编号	摘　要	借　方	贷　方	借或贷	余　额
月	日						
8	1		月初余额			贷	5 000
	8	记字 18 号	购入材料		22 600	贷	27 600
	23	记字 22 号	归还前欠货款	10 000		贷	17 600
	31		本月合计	10 000	22 600	贷	27 600

6. 答案

（1）银行存款余额调节表见答表 4-11。

答表 4-11　银行存款余额调节表
2023 年 10 月 31 日

项　目	金　额	项　目	金　额
企业银行存款日记账余额：	398 170	银行对账单余额：	378 910
加：银行已收，企业未收	25 000	加：企业已收，银行未收	46 800
减：银行已付，企业未付	3 600	减：企业已付，银行未付	6 140
调整后企业银行存款余额	419 570	调整后银行对账单余额	419 570

主管会计：　　　　　　　　　　　　　　　　　　制表人：略

（2）企业不需要对于银行已收企业未收、银行已付企业未付的未达账项马上调整其日记账记录，应该在实际收到业务相关原始凭证时，再编制记账凭证并登记入账。

（3）企业在月末时可以动用的存款应当是 419 570 元。

7. 答案

（1）

记　账　凭　证

2023 年 10 月 31 日　　　　　　　　　　记字第 31 号　附件 1 张

摘　要	会计科目		借方金额								记账	贷方金额								记账
	总账科目	明细科目	十	万	千	百	十	元	角	分		十	万	千	百	十	元	角	分	
盘盈甲材料	原材料	甲材料		1	8	0	0	0	0											
	待处理财产损溢												1	8	0	0	0	0		
	合计		¥	1	8	0	0	0	0			¥	1	8	0	0	0	0		

会计主管：　　　记账：　　　复核：　　　出纳：　　　制单：略

批准前：	批准后：
借：原材料——甲材料　　1 800 　　贷：待处理财产损溢　　　1 800	借：待处理财产损溢　　1 800 　　贷：管理费用　　　　　1 800

（由于篇幅所限，第（1）题批准后的账务处理和以下各题均以会计分录代替记账凭证。）

（2）

批准前：	批准后：
借：待处理财产损溢　　240 　　贷：原材料——乙材料　　240	借：管理费用　　　　　　　60 　　其他应收款——李磊　　180 　　贷：待处理财产损溢　　　240

（3）

批准前：	批准后：
借：库存商品——A 产品　　240 　　贷：待处理财产损溢　　　240	借：待处理财产损溢　　240 　　贷：管理费用　　　　　240

（4）

批准前：	批准后：
借：待处理财产损溢　　200 　　贷：库存商品——B 产品　　200	借：其他应收款——刘磊　　200 　　贷：待处理财产损溢　　　200

8. 答案

（1）记账凭证没有错误，只是登账时把 16 000 错误登记为 1 600，应该采用划线更正法。

（2）记账凭证错误，导致登记账簿的数据也错误。记账凭证的错误是会计科目错误，所以应该采用红字更正法。

先用红字填制一张与原错误记账凭证内容完全相同的记账凭证，摘要栏注明"冲销 2023 年 10 月 10 日错账"，并用红字登记入账，冲销原有错误的账簿记录。

借：预收账款　　　　　　　　　　　　　　　　　　　　　　　25 000
　　贷：银行存款　　　　　　　　　　　　　　　　　　　　　　25 000

再用蓝字或黑字填制一张正确的记账凭证，摘要注明"补记 2023 年 10 月 10 日错账"并用蓝字或黑字登记入账。

借：预付账款　　　　　　　　　　　　　　　　　　　　　　　25 000
　　贷：银行存款　　　　　　　　　　　　　　　　　　　　　　25 000

记 账 凭 证

2023 年 10 月 31 日　　　　　　　　记字第 25 号　附件 0 张

摘 要	会计科目		借方金额								记账	贷方金额								记账
	总账科目	明细科目	十	万	千	百	十	元	角	分		十	万	千	百	十	元	角	分	
冲销 2023 年 10 月 10 日错账记字 11 号		预收账款		2	5	0	0	0	0	0										
		银行存款											2	5	0	0	0	0	0	
	合计		￥	2	5	0	0	0	0	0		￥	2	5	0	0	0	0	0	

会计主管：　　　记账：　　　复核：　　　出纳：　　　制单：略

记 账 凭 证

2023 年 10 月 31 日　　　　　　　　记字第 26 号　附件 0 张

摘 要	会计科目		借方金额								记账	贷方金额								记账
	总账科目	明细科目	十	万	千	百	十	元	角	分		十	万	千	百	十	元	角	分	
补记 2023 年 10 月 10 日错账记字 11 号		预付账款		2	5	0	0	0	0	0										
		银行存款											2	5	0	0	0	0	0	
	合计		￥	2	5	0	0	0	0	0		￥	2	5	0	0	0	0	0	

会计主管：　　　记账：　　　复核：　　　出纳：　　　制单：略

（3）记账凭证错误，导致登记账簿的数据也错误。记账凭证的错误是金额错误，所记金额 3 200 大于正确金额 2 300，所以应该采用红字更正法。将多记的金额用红字填制一张与错误记账凭证所记载的借贷方向及科目相同的记账凭证，摘要栏注明"冲第 15 号凭证多记数"，并据以登记入账。

借：管理费用　　　　　　　　　　　　　　　　　　900

贷：银行存款　　　　　　　　　　　　　　　　　　900

（4）记账凭证错误，导致登记账簿的数据也错误。记账凭证的错误是金额错误，所记金额 450 小于正确金额 540，所以应该采用补充登记法。摘要栏注明"补记 20 号凭证少记数"并据以登记入账，以补记少记金额。

借：在途物资　　　　　　　　　　　　　　　　　　90

贷：银行存款　　　　　　　　　　　　　　　　　　90

归纳总结：对完答案了，我要重点复习的题目及知识点有

二、评一评：初级会计资格考试练习题解析

（一）单项选择题

1. **参考答案**：A

试题评析：序时账簿，又称日记账，是按照经济业务发生或完成时间的先后顺序逐日逐笔进行登记的账簿。按照记录内容不同，日记账又可以分为普通日记账和特种日记账。分类账簿是对全部经济业务事项按照会计要素的具体类别而设置的分类账户进行登记的账簿。备查账簿，简称备查簿，是对某些在序时账簿和分类账簿等主要账簿中都不予登记或登记不够详细的经济业务事项进行补充登记时使用的账簿。

2. **参考答案**：A

试题评析：账簿按外形特征可以分为订本式账簿、活页式账簿、卡片式账簿。

3. **参考答案**：D

试题评析：卡片账是将账户所需格式印刷在硬卡上。在我国，企业一般只对固定资产的核算采用卡片账形式，也有少数企业在材料核算中使用材料卡片。卡片式账簿适用灵活，内容详细，可以长期使用，无须更换，便于分类汇总和根据管理转移账卡。

4. **参考答案**：D

试题评析：营业外收入和应交税费应采用贷方多栏式明细账；原材料应采用数量金额式明细账；管理费用应采用借方多栏式明细账。故选D。

5. **参考答案**：C

试题评析：一般情况下，原材料明细账采用数量金额式账簿。

6. **参考答案**：B

试题评析：账簿应具备的基本内容有封面、扉页（如科目索引）、账簿启用和经管人员一览表等、账页。

7. **参考答案**：B

试题评析：本题考核账簿的使用。总账应该采用订本账。

8. **参考答案**：D

试题评析：库存现金日记账应根据现金收款凭证和付款凭证逐日逐笔登记。

9. **参考答案**：D

试题评析：总分类账和明细分类账平行登记是指依据相同、借贷方向相同、会计期间相同、金额相同。

10. **参考答案**：C

试题评析：账簿中书写的文字和数字应紧靠底线书写，一般应占格距的1/2。

11. **参考答案**：C

试题评析：对于从银行提取现金的业务，由于规定只能填制银行付款凭证，不能填制库存现金收款凭证，所以在登记库存现金日记账时，应根据银行付款凭证登记。

12. **参考答案**：B

试题评析：序时账簿是按照经济业务发生或完成时间的先后顺序逐日逐笔进行登记的账簿。

13. **参考答案**：B

试题评析：丙材料的本期借方发生额：$26\,000 - 8\,000 - 13\,000 = 5\,000$（元），贷方本期发生额：$24\,000 - 6\,000 - 16\,000 = 2\,000$（元）。

14. **参考答案**：C

试题评析："接受外单位投入资金180 000元，已存入银行，在填制记账凭证时，误将其金额写为160 000元，并已登记入账"，是将金额少计，且已经登记入账。对于这类记账，发现记账凭证填写的会计账户无误，只是所记金额小于应记金额时，采用补充登记法。

15. **参考答案**：B

试题评析：对于错误数字，应当全部划销，而不是只划销写错的个别数码，并且划销的数字不许全部涂抹，原有字迹应当仍能辨认，以备日后考察。故选B。

16. **参考答案**：B

试题评析：记账凭证上的会计科目和方向错误，并已登记入账，只能采用红字更正法更正。划线更正法适用于在结账前发现的账簿记录有文字或数字错误，而记账凭证无误时。补充登记法适用范围：记账后发现记账凭证填写的会计科目无误，只是所记金额小于应记金额。因此本题答案为B。

17. **参考答案**：A

试题评析：对需要结计本月发生额的账户，结计"过次页"的本页合计数应当为自本月初起至本页末止的发生额合计数；对需要结计本年累计发生额的账户，结计"过次页"的本页合计数应当为自年初起至本页末止的累计数；对既不需要结计本月发生额，也不需要结计本年累计发生额的账户，可以只将每页末的余额结转次页。

18. **参考答案**：C

试题评析：年终结账时，不需要编制记账凭证，也不需要将上年账户的余额反向结平，直接注明"结转下年"即可。

19. **参考答案**：C

试题评析：企业发生固定资产盘亏时，按盘亏固定资产的净值，借记"待处理财产损溢"账户；按已计提的累计折旧，借记"累计折旧"账户；按固定资产的原价，贷记"固定资产"账户。报经批准转销后，转入"营业外支出"账户的借方。

20. **参考答案**：C

试题评析：存货发生的盘亏或毁损，应作为待处理财产损溢进行核算。按管理权限报经批准后，根据造成存货盘亏或毁损的原因，分别按以下情况进行处理：①属于自然损耗产生的定额损耗，经批准后转作管理费用；②属于计量收发差错和管理不善等原因造成的存货短缺，应先扣除残料价值、可以收回的保险赔偿和过失人赔偿，将净损失计入管理费用；③属于自然灾害等非常原因造成的存货毁损，应先扣除处置收入（如残料价值）、可以收回的保险赔偿和过失人赔偿，将净损失计入营业外支出。

21. **参考答案**：C

试题评析：往来款项是指各种债权债务结算款项，往来款项的清查一般采用发函询证的方法进行核对。即根据有关明细分类账的记录，按用户编制对账单，送交对方单位进行核对。

22. **参考答案**：A

试题评析：年度终了，会计账簿暂由本单位财务会计部门保管一年，期满后由财会部门编造清册移交本单位的档案部门保管。

23. **参考答案**：D

试题评析：多数明细账应每年更换一次，对于有些财产物资明细账和债务明细账，由于材料品种、规格和往来单位较多，更换新账时，重抄一遍的工作量较大，可以不必每年度更换一次。

24. **参考答案**：D

试题评析：本题考核账簿的启用和保管。按有关规定使用账簿，账簿不可外借。

25. **参考答案**：B

试题评析：会计账簿的更换通常在新会计年度建账时进行。总账、日记账和多数明细账应每年更换一次。变动小的部分明细账，如固定资产明细账或固定资产卡片及备查账簿，可以连续使用。

（二）多项选择题

1. **参考答案**：ACD

试题评析：销售合同不是会计登记的依据，不可以用来登记明细分类账。

2. **参考答案**：BD

试题评析：账簿按其用途不同，可分为序时账簿、分类账簿、备查账簿。按账页格式的不同，可分为两栏式、三栏式、多栏式和数量金额式。

3. 参考答案：BCD

试题评析：订本账是启用之前就已将账页装订在一起，并对账页进行了连续编号的账簿。这种账簿的优点是可以避免账页散失，防止账页被抽换，从而保证账簿资料的安全完整。其缺点是同一账簿在同一时间只能由一人登记，这样不便于记账人员分工记账；另外，不能准确为每一个账户预留账页。

4. 参考答案：AB

试题评析：账簿的种类和格式是多种多样的，但一般可以按照其用途、账页格式、外形特征等不同标准进行分类。

5. 参考答案：ACD

试题评析：订本式账簿一般适用于重要的和具有统驭性的总分类账、库存现金日记账和银行存款日记账。

6. 参考答案：AB

试题评析：明细分类账的格式主要分为三种："三栏式""多栏式""数量金额式"。

7. 参考答案：AB

试题评析：总分类账最常用的格式为三栏式，设置借方、贷方和余额三个基本金额栏目。为了总括、全面地反映经济活动情况以及为编制会计报表提供资料，一切单位都要设置总分类账。总分类账必须采用订本式账簿。总分类账簿是根据总账科目（一级科目）开设账户，分类登记全部经济业务事项。

8. 参考答案：AD

试题评析：数量金额式明细分类账的借方（收入）、贷方（发出）和余额（结存）都分别设有数量、单价和金额三个专栏，适用于既要进行金额核算又要进行数量核算的账户，库存商品、原材料明细账适用于该格式。

9. 参考答案：ABC

试题评析：库存现金、银行存款日记账由出纳人员登记、保管；库存现金、银行存款总账由会计登记、保管。

10. 参考答案：AB

试题评析：银行存款日记账和库存现金日记账都是由出纳人员登记的，按时间顺序逐日逐笔进行登记；对于库存现金存入银行业务，只填库存现金的付款凭证。故选 AB。

11. 参考答案：ABD

试题评析：为了使账簿记录清晰，防止涂改，记账时应使用蓝黑墨水或者碳素墨水书写，特殊情况下可使用红色墨水，如按红字冲账的记账凭证，冲销错误记录。

12. 参考答案：AD

试题评析：数量金额式账簿是在借方、贷方、余额三个栏目内都分设"数量、单价、金额"三小栏，借以反映财产物资的实物数量和价值量。

13. 参考答案：BCD

试题评析：库存现金日记账由出纳人员根据相同现金收付有关的记账凭证，按时间先后顺序逐日逐笔进行登记。与现金收付有关的记账凭证有现金收款凭证、现金付款凭证、银行存款付款凭证。这里要注意，企业收到现金时，一般填写现金收款凭证，付出现金时，填写现金付款凭证，而从银行提取现金虽然也会收入现金，但为防止重复记账，只填写银行存款付款凭证。因此，本题正确答案为 BCD。

14. **参考答案**：ABCD

试题评析：账页，是账簿用来记录经济业务事项的主要载体，包括账户的名称、登记账户的日期栏、凭证种类和号数栏、摘要栏、金额栏、总页次、分户页次等基本内容。

15. **参考答案**：AD

试题评析："库存现金日记账"与"现金"总分类账应在月份终了核对，而不是每日核对。每日终了，应将"库存现金日记账"余额与库存现金核对。

16. **参考答案**：ABD

试题评析：启用会计账簿时，应在账簿封面上写明单位名称和账簿名称，并在账簿扉页上附启用表；启用订本式账簿时，应当从第一页到最后一页顺序编订页数，不得跳页、缺号；在年度开始，启用新账簿时，为了保证年度之间账簿记录的相互衔接，应把上年度的年末余额，记入新账的第一行，并在摘要栏中注明"上年结转"或者"年初余额"字样。

17. **参考答案**：BCD

试题评析：银行存款日记账定期结出余额，并每月与银行对账单核对。

18. **参考答案**：AC

试题评析：日记账是按照经济业务发生或完成的时间先后顺序逐日逐笔进行登记的账簿。

19. **参考答案**：ABCD

试题评析：对于从银行提取现金的业务，应根据有关银行存款付款凭证登记。

20. **参考答案**：CD

试题评析：对账一般可以分为账证核对、账账核对、账实核对。

21. **参考答案**：ABD

试题评析：账实核对是指各项财产物资、债权债务等账面余额与实有数额之间的核对。包括：库存现金日记账账面余额与现金实际库存数核对；银行存款日记账账面余额与银行对账单核对；各项财产物资明细账账面余额与财产物资的实有数额是否相符；有关债权债务明细账账面余额与对方的账面记录是否相符。

22. **参考答案**：ACD

试题评析：A 选项属于账证核对；C 选项属于账账核对；D 选项属于账实核对。

23. **参考答案**：ABD

试题评析：账账核对是指核对不同账簿记录之间的账簿记录是否相符。具体内容包括总分类账簿之间的核对；总分类账簿与所属明细分类账簿核对；总分类账簿与序时账簿核对；明细分类账簿之间的核对。银行存款日记账与银行对账单的核对属于账实核对的内容，不是账账核对的内容。

24. **参考答案**：ABCD

试题评析：账证核对是指核对会计账簿记录与原始凭证、记账凭证的时间、凭证字号、内容、金额是否一致，记账方向是否相符。

25. **参考答案：** ABC

试题评析： 原材料的明细分类账的账面余额应与原材料总账余额核对相符，属于"账账核对"的内容。各种应收款、应付款、银行借款等结算款项，以及应交税金等，应定期寄送对账单，同"有关单位"进行核对，才属于账实核对。

26. **参考答案：** ACD

试题评析： 账证核对是指核对会计账簿记录与原始凭证、记账凭证的时间、凭证字号、内容、金额是否一致，记账方向是否相符。这种核对，一般是在日常编制凭证和记账过程中进行，检查所记账目是否正确。账证核对也是追查会计记录正确与否的最终途径。月终时，如果发现账账不符，也可以将账簿记录与有关会计凭证进行核对，以保证账证相符。

27. **参考答案：** BC

试题评析： 划线更正法适用于：在结账前发现账簿记录有文字或数字错误，而记账凭证没有错误；红字更正法适用于：①记账后在当年内发现记账凭证所记的会计科目错误，从而引起记账错误；②记账后在当年内发现记账凭证所记的会计科目无误而所记金额大于应计金额，从而引起记账错误；补充登记法适用于：记账后发现记账凭证填写的会计科目无误，只是所记金额小于应记金额。

28. **参考答案：** BCD

试题评析： 实地盘点法适用于大多数财产物资，易于清点数量或计量的原材料、库存商品、固定资产均可使用该清查方法。银行存款的清查应采用对账单法；应收款项的清查一般采用发函询证的方法。

29. **参考答案：** ABC

试题评析： 财产清查是指通过对货币资金、实物资产和往来款项等财产物资进行盘点或核对，确定其实存数，查明账存数与实存数是否相符的一种专门方法。企业应当建立健全财产物资清查制度，加强管理，以保证财产物资核算的真实性和完整性。具体而言，财产清查的意义主要有：①通过财产清查，可以查明各项财产物资的实有数量，确定实有数量与账面数量之间的差异，查明原因和责任，以便采取有效措施，消除差异，改进工作，从而保证账实相符，提高会计资料的准确性。②通过财产清查，可以查明各项财产物资的保管情况是否良好，有无因管理不善，造成霉烂、变质、浪费损失或者被非法挪用、贪污盗窃情况，以便采取有效措施改善管理，切实保障各项财产物资的安全完整。③通过财产清查，可以查明各项物资的库存和使用情况，合理安排生产经营活动，充分利用各项财产物资，加速资金周转，提高资金使用效果。

30. **参考答案：** ABD

试题评析： 各种账簿与会计凭证、会计报表一样，必须按照国家统一的会计制度的规定妥善保管，做到既安全完整，又在需要时方便查找。年度终了，各种账簿在结转下年、建立新账后，一般都要把旧账送交总账会计集中统一管理。会计账簿暂由本单位财务会计部门保管 1 年，期满以后，由财务会计部门编造清册移交本单位的档案部门保管。

(三) 判断题

1. **参考答案：** 错误

试题评析： 库存现金日记账一般采用订本式账簿，同时是三栏式。

2. **参考答案**：正确

试题评析：活页账在账簿登记完毕之前并不固定装订在一起，而是装订在活页账夹中；当账簿登记完毕后，将账页予以装订，加具封面，并给各账页连续编号。

3. **参考答案**：正确

试题评析：需要对数量和金额同时进行核算的，需采用数量金额式明细账，如原材料明细账。

4. **参考答案**：错误

试题评析：活页式账簿的优点是可以根据实际需要随时将空白账页装入账簿或抽去不需用的账页，并且便于分工记账。缺点是如果管理不善，可能会造成账页散失或被故意抽换。

5. **参考答案**：正确

试题评析：常见的日记账包括库存现金日记账、银行存款日记账。

6. **参考答案**：错误

试题评析：库存现金日记账是用来核算和监督库存现金每天的收入、支出和结存情况的账簿，其格式有三栏式和多栏式两种。无论采用三栏式还是多栏式库存现金日记账，都必须使用订本账。因此本题说法错误。

7. **参考答案**：错误

试题评析：库存现金日记账的格式主要有三栏式和多栏式两种，库存现金日记账必须使用订本账。

8. **参考答案**：错误

试题评析：多栏式明细分类账适用于收入、成本、费用、利润和利润分配明细账，如"生产成本""管理费用""营业外收入""制造费用""利润分配"等科目的明细分类账。

9. **参考答案**：正确

试题评析：多栏式明细账一般适用于收入、费用、成本的核算。

10. **参考答案**：错误

试题评析：库存现金、银行存款日记账应做到日清月结，保证账实相符。

11. **参考答案**：错误

试题评析：库存现金日记账和银行存款日记账不论在何种账务处理程序下，都是根据收款凭证和付款凭证逐日逐笔顺序登记的。

12. **参考答案**：错误

试题评析：记账人员签名或者盖章，详见《会计基础工作规范》第六十条：各种账簿按页次顺序连续登记，不得跳行、隔页。如果发生跳行、隔页，应当将空行、空页划线注销，或者注明"此行空白""此页空白"字样，并由记账人员签名或者盖章。

13. **参考答案**：错误

试题评析：对既不需要结计本月发生额也不需要结计本年累计发生额的账户，如原材料明细账等，可以只将每页末的余额结转次页，不必将本页的发生额结转次页。

14. **参考答案**：错误

试题评析：账簿与账户的关系是形式和内容的关系。

15. 参考答案：错误

试题评析：平行登记是对所发生的每一笔经济业务，都要以会计凭证为依据，一方面记入有关总分类账户，另一方面要记入该总分类账户所属的明细分类账户的方法。平行登记的要点是同期、同向、等额，即所属会计期间相同、借贷方向相同、记入总分类账的金额与记入明细账的合计金额相等。

16. 参考答案：错误

试题评析：红色墨水适用于：①按照红字冲账的记账凭证，冲销错误记录；②在不设借贷等栏的多栏式账页中，登记减少数；③在三栏式账户的余额栏前，如未印明余额方向的，在余额栏内登记负数余额；④根据国家统一的会计制度的规定，可以用红字登记的其他会计记录。对于只设有借方的多栏式明细分类账，平时如果发生贷方发生额，应用红字在多栏式账页的借方栏中登记表示冲减。

17. 参考答案：正确

试题评析：登记账簿时，发生的空页不得随意撕掉，应写明此页空白，并由会计人员和会计机构负责人盖章，以明确责任。

18. 参考答案：正确

试题评析：应收、应付款明细账和各项财产物资明细账等不需要按月结计本期发生额的账户，但要随时结出余额，每月最后一笔余额即为月末余额。

19. 参考答案：错误

试题评析：需要按月结计发生额的收入、费用等明细账，每月结账时，要在最后一笔经济业务记录下面通栏划单红线，结出本月发生额和余额，在摘要栏内注明"本月合计"字样，并在下面通栏划单红线。

20. 参考答案：正确

试题评析：库存现金日记账和银行存款日记账必须按日结出余额。

21. 参考答案：正确

试题评析：平行登记是对所发生的每一笔经济业务，都要以会计凭证为依据，一方面记入有关总分类账户，另一方面要记入该总分类账户所属的明细分类账户的方法。

22. 参考答案：错误

试题评析：各种账簿应按页次顺序连续登记，不得跳行、隔页。如果发生跳行、隔页，应当将空行、空页划线注销，或者注明"此行空白""此页空白"字样，并由记账人员签名或者盖章。

23. 参考答案：错误

试题评析：任何单位对账工作应该每年至少进行一次。对于某些项目，有条件的情况下，还应该缩短对账时间。

24. 参考答案：正确

试题评析：对账的目的在于保证账簿记录的正确性，使期末用于编制会计报表的数据真实、可靠。

25. 参考答案：错误

试题评析：在记账以后，结账之前，如果发现记账凭证和账簿记录的金额大于应记金额，而所用会计科目及记账方向并无错误，可用红字更正法更正。

26. **参考答案**：正确

试题评析：在结账前发现账簿记录有文字或数字错误，而记账凭证没有错误，采用划线更正法。对于数字错误，应全部划红线更正，不得只更正其中的错误数字，并使原有字迹仍可辨认，以备查考。

27. **参考答案**：错误

试题评析：需要更换的各种账簿，在进行年终结账时，各账户的年末余额都要以同方向直接记入有关新账的账户中，并在新账第一行摘要栏注明"上年结转"或"年初余额"字样。新旧账簿有关账户之间的结转余额，无须编制记账凭证。

28. **参考答案**：错误

试题评析：各账户结出余额后，应在"借或贷"栏内写明"借"或"贷"，没有余额的账户在"借或贷"栏内写"平"字，在"余额"栏内写"0"。

29. **参考答案**：正确

试题评析：会计账簿的更换通常在新会计年度建账时进行。一般来说，总账、日记账和多数明细账应每年更换一次。但有些财产物资明细账和债权债务明细账，由于材料品种、规格和往来单位较多，更换新账时，重抄一遍的工作量较大，因此，可以不必每年度更换一次。各种备查账簿也可以连续使用。

30. **参考答案**：正确

试题评析：属于自然损耗产生的定额损耗，经批准后转作管理费用；属于计量收发差错和管理不善等原因造成的超定额损耗，应先扣除残料价值和过失人的赔偿，然后将净损失记入管理费用；属于自然灾害或意外事故造成的存货毁损，应先扣除残料价值和可以收回的保险赔偿，然后将净损失转作营业外支出。

31. **参考答案**：正确

试题评析：财产清查是指通过对货币资金、实物资产和往来款项的盘点或核对，确定其实存数，以查明账存数与实存数是否相符的一种专门方法。

32. **参考答案**：正确

试题评析：存货发生盘盈，经批准后，借记"待处理财产损溢——待处理流动资产损溢"科目，贷记"管理费用"科目。

33. **参考答案**：错误

试题评析：年度终了结账时，应当在全年累计发生额下面划通栏的双红线。

34. **参考答案**：正确

试题评析：结账，就是把一定时期内全部经济业务登记入账之后，定期计算出各个账户的本期发生额及期末余额，结束本期账簿记录。所以，在结账前应将本期发生的经济业务事项全部登记入账，并保证其正确性。

35. **参考答案**：正确

试题评析：会计账簿的更换通常在新会计年度建账时进行。一般来说，总账、日记账和多数明细账应每年更换一次。但有些财产物资明细账和债权债务明细账由于材料品种、规格和往来单位较多，更换新账时，重抄一遍的工作量较大，因此，可以不必每年度更换一次。各种备查账簿也可以连续使用。

归纳总结：对于考证，我还要重点复习的知识点有

本项目实训练习自我总结：

1. 重点：
2. 难点：
3. 易错点：

4. 我的漏洞：

项目五　提供经济活动信息，掌握编制会计报表的方法

一、对一对：实训练习题答案

（一）单项选择题

1. B	2. D	3. B	4. D	5. D
6. C	7. B	8. C	9. B	10. D
11. B	12. C	13. C	14. B	15. D
16. C	17. A	18. C	19. A	20. C
21. D	22. A	23. B	24. C	25. A

（二）多项选择题

1. AB	2. ACD	3. ABCD	4. ACD	5. AC
6. ABCD	7. BD	8. AC	9. AD	10. AC
11. AD	12. BC	13. AD	14. ABCD	15. AD
16. BCD	17. BC	18. BC	19. BCD	20. BCD
21. ACD	22. ABC	23. ABD	24. BCD	25. ABCD

（三）判断题

1. ×	2. ×	3. ×	4. √	5. ×
6. √	7. ×	8. √	9. ×	10. √
11. √	12. ×	13. √	14. ×	15. ×
16. ×	17. √	18. ×	19. ×	20. ×
21. ×	22. √	23. ×	24. √	25. √

（四）业务题

1. 资产负债表见答表 5-1。

答表 5-1　资产负债表

会企 01 表

编制单位：金陵公司　　　　　　　　　2023 年 12 月 31 日　　　　　　　　　单位：元

资产	期末余额	上年年末余额（略）	负债和所有者权益（或股东权益）	期末余额	上年年末余额（略）
流动资产：			流动负债：		
货币资金	616 000.00		短期借款	230 000.00	
交易性金融资产			交易性金融负债		
衍生金融资产			衍生金融负债		
应收票据	430 000.00		应付票据	290 000.00	

资产	期末余额	上年年末余额（略）	负债和所有者权益（或股东权益）	期末余额	上年年末余额（略）
应收账款	558 000.00		应付账款	660 000.00	
应收款项融资			预收款项	380 000.00	
预付款项	390 000.00		合同负债		
其他应收款	70 000.00		应付职工薪酬	147 500.00	
存货	2 215 000.00		应交税费	160 500.00	
合同资产			其他应付款	136 000.00	
持有待售资产			持有待售负债		
一年内到期的非流动资产			一年内到期的非流动负债	130 000.00	
其他流动资产			其他流动负债		
流动资产合计	4 279 000.00		流动负债合计	2 134 000.00	
非流动资产：			非流动负债：		
债权投资			长期借款	340 000.00	
其他债权投资			应付债券		
长期应收款			其中：优先股		
长期股权投资	340 000.00		永续债		
其他权益工具投资			租赁负债		
其他非流动金融资产			长期应付款		
投资性房地产			预计负债		
固定资产	5 580 000.00		递延收益		
在建工程	430 000.00		递延所得税负债	145 000.00	
生产性生物资产			其他非流动负债		
油气资产			非流动负债合计	485 000.00	
使用权资产			负债合计	2 619 000.00	
无形资产	340 000.00		所有者权益（或股东权益）：		
开发支出			实收资本（或股本）	3 160 000.00	
商誉			其他权益工具		
长期待摊费用			其中：优先股		
递延所得税资产			永续债		
其他非流动资产			资本公积	2 120 000.00	

续表

资产	期末余额	上年年末余额（略）	负债和所有者权益（或股东权益）	期末余额	上年年末余额（略）
非流动资产合计	6 690 000.00		减：库存股		
			其他综合收益		
			专项储备		
			盈余公积	1 030 000.00	
			未分配利润	2 040 000.00	
			所有者权益（或股东权益）合计	8 350 000.00	
资产总计	10 969 000.00		负债和所有者权益（或股东权益）总计	10 969 000.00	

2. 利润表见答表 5-2。

答表 5-2　利润表

会企 02 表

编制单位：富康公司　　　　　　　2023 年　　　　　　　　　　　单位：元

项目	本期金额	上期金额（略）
一、营业收入	2 890 000.00	
减：营业成本	1 170 000.00	
税金及附加	34 000.00	
销售费用	100 000.00	
管理费用	180 000.00	
研发费用		
财务费用	40 000.00	
其中：利息费用	40 000.00	
利息收入		
加：其他收益		
投资收益（损失以"-"号填列）		
其中：对联营企业和合营企业的投资收益		
以摊余成本计量的金融资产终止确认收益（损失以"-"号填列）		
净敞口套期收益（损失以"-"号填列）		
公允价值变动收益（损失以"-"号填列）		

续表

项目	本期金额	上期金额（略）
减值损失（损失以"－"号填列）		
资产减值损失（损失以"－"号填列）		
资产处置收益（损失以"－"号填列）		
二、营业利润（亏损以"－"号填列）	1 366 000.00	
加：营业外收入	80 000.00	
减：营业外支出	46 000.00	
三、利润总额（亏损总额以"－"号填列）	1 400 000.00	
减：所得税费用	350 000.00	
四、净利润（净亏损以"－"号填列）	1 050 000.00	
（一）持续经营净利润（净亏损以"－"号填列）		
（二）终止经营净利润（净亏损以"－"号填列）		
五、其他综合收益的税后净额	0	
六、综合收益总额	1 050 000.00	
七、每股收益		
（一）基本每股收益	（略）	
（二）稀释每股收益	（略）	

归纳总结：对完答案了，我要重点复习的题目及知识点有

二、评一评：初级会计资格考试练习题解析

（一）单项选择题

1. **参考答案**：B

试题评析：资产负债表是反映企业某一特定日期财务状况的会计报表。因此本题答案为 B。

2. **参考答案**：A

试题评析：资产负债表是提供企业资产的流动性和偿债能力情况的报表。故选 A。

3. **参考答案**：A

试题评析：账户式资产负债表分为左、右两方。其中左方为资产项目，按资产的流动性大小顺序排列；右方为负债和所有者权益项目，按求偿权先后顺序排列。左、右两方总额相等。

4. **参考答案**：B

试题评析：本题考核资产负债表的格式。我国的资产负债表采用账户式。

5. **参考答案**：A

试题评析：流动资产主要包括：货币资金、交易性金融资产、衍生金融资产、应收票据、应收账款、预付款项、其他应收款、存货、持有待售资产、一年内到期的非流动资产等。预收款项、短期借款属于流动负债；无形资产属于非流动资产。

6. **参考答案**：B

试题评析："累计折旧"不单独反映在资产负债表上，"固定资产"项目应根据"固定资产"科目的期末余额减去"累计折旧"科目的期末余额后的数额填列。

7. **参考答案**：C

试题评析：根据总账科目直接填列的项目主要有"短期借款""应交税费""应付职工薪酬""实收资本（股本）""资本公积""盈余公积"等。"存货"项目需根据几个总账科目的期末余额计算填列。因此，本题答案为 C。

8. **参考答案**：C

试题评析："存货"项目，应根据"材料采购""原材料""库存商品""生产成本""周转材料""委托加工物资""材料成本差异""发出商品"等账户期末余额合计减去"存货跌价准备"等账户期末余额后的金额填列。

9. **参考答案**：B

试题评析：企业资产负债表中应收账款应该根据应收账款明细账户的借方余额与预收账款所属明细账户的借方余额合计减去它们计提的坏账准备后填列。本题中，应收账款明细账户借方余额 281 000 元，预收账款明细账户借方余额 0，所计提的坏账准备为 780 元。所以，该企业资产负债表中"应收账款"项目的期末数应是 281 000 + 0 − 780 = 280 220（元）。因此本题答案为 B。

10. **参考答案**：C

试题评析："应付账款"科目期末贷方余额，反映企业尚未支付的应付账款；期末余额在借方，反映预付的款项。"预付账款"科目期末借方余额，反映企业实际预付的款项；期末如为贷方余额，反映企业尚未补付的款项。本题中，资产负债表中应付账款的余额 = 应付账款所属明细账户的贷方余额 + 预付账款所属明细账户的贷方余额 = 540 000 + 140 000 = 680 000（元）；资产负债表中预付款项的余额 = 预付账款所属明细账户的借方余额 + 应付账款所属明细账户的借方余额 = 240 000 + 380 000 = 620 000（元）。故选 C。

11. **参考答案**：A

试题评析：应付账款，根据"应付账款"和"预付账款"科目所属各有关明细科目的期末贷方余额合计数填列。所以应付账款 = 330 + 50 = 380（万元）。根据"预付账款"和"应付账款"科目所属明细科目的期末借方余额合计数减去"坏账准备"科目中有关预付账款计提的坏账准备期末余额后的金额填列。所以预付款项=200+70=270（万元）。

12. **参考答案**：B

试题评析：选项A预付款项，根据"预付账款"和"应付账款"科目所属明细科目的期末借方余额合计数减去"坏账准备"科目中有关预付账款计提的坏账准备期末余额后的金额填列。若"预付账款"科目所属明细科目期末有贷方余额，应在资产负债表"应付账款"项目内填列。选项B未分配利润，根据"本年利润"科目和"利润分配"科目的期末余额计算填列。若有弥补亏损，则在本项目内以"－"号填列。选项C应付账款，根据"预付账款"和"应付账款"科目所属明细科目的期末贷方余额合计数减去"坏账准备"科目中有关应付账款计提的坏账准备期末余额后的金额填列。若"预付账款"科目所属明细科目期末有借方余额，应在资产负债表"预付款项"项目内填列。选项D应付职工薪酬，反映企业根据有关规定应付给职工的工资、职工福利、社会保险费、住房公积金、工会经费、职工教育经费、非货币性福利、辞退福利等各种薪酬。外商投资企业按规定从净利润中提取的职工奖励及福利基金，也在本项目列示。此项目应根据其明细科目余额计算填列因此本题答案为B。

13. **参考答案**：C

试题评析："固定资产"项目，应根据"固定资产"账户余额减去"累计折旧""固定资产减值准备"净额填列。因此，在资产负债表中，"固定资产"项目金额为1 000 000－300 000－100 000＝600 000（元）。

14. **参考答案**：C

试题评析：根据资产负债表的填制方法，"存货"项目，根据若干个总账账户的期末余额分析计算填列；"应收账款"项目、"应付账款"项目，根据有关总账所属的明细账的期末余额分析计算填列；"长期借款"项目，根据有关总账及其明细账的期末余额分析计算填列的。故选C。

15. **参考答案**：C

试题评析：资产负债表是反映企业在某一特定日期财务状况的会计报表。

16. **参考答案**：D

试题评析：财务费用、营业外支出、营业收入属于利润表列报项目，制造费用不属于利润表列报项目。

17. **参考答案**：B

试题评析："主营业务收入"不属于利润表项目，而是包含在"营业收入"中，即通过"营业收入"在利润表中反映。

18. **参考答案**：B

试题评析：利润表的格式，主要有单步式利润表和多步式利润表。按照《企业会计准则》的规定，我国企业的利润表采用多步式。

19. **参考答案**：A

试题评析：营业利润=营业收入－营业成本－税金及附加－销售费用－管理费用－研发费用－财务费用+其他收益+投资收益（损失以"－"表示）+净敞口套期收益（损失以"－"表示）+公允价值变动收益（损失以"－"表示）+信用减值损失（损失以"－"表

示）＋资产减值损失（损失以"－"表示）＋资产处置收益（损失以"－"表示）。

20. 参考答案：D

试题评析：利润总额＝营业利润＋营业外收入－营业外支出。

21. 参考答案：D

试题评析：净利润＝利润总额－所得税费用。

22. 参考答案：B

试题评析：营业利润＝营业收入－营业成本－税金及附加－销售费用－管理费用－研发费用－财务费用＋其他收益＋投资收益（损失以"－"表示）＋净敞口套期收益（损失以"－"表示）＋公允价值变动收益（损失以"－"表示）＋信用减值损失（损失以"－"表示）＋资产减值损失（损失以"－"表示）＋资产处置收益（损失以"－"表示）＝8 000－5 000－860－500－400－100＝1 140（万元）。

23. 参考答案：B

试题评析：本题的计算结果是"营业利润＝营业收入－营业成本－税金及附加－销售费用－管理费用－研发费用－财务费用＋其他收益＋投资收益（损失以"－"表示）＋净敞口套期收益（损失以"－"表示）＋公允价值变动收益（损失以"－"表示）＋信用减值损失（损失以"－"表示）＋资产减值损失（损失以"－"表示）＋资产处置收益（损失以"－"表示）＝100 000＋8 000－76 000－5000－3 000－4 000－3 000－1 500＝15 500（元）"。

24. 参考答案：A

试题评析：利润表中"净利润"项目的本月数为净利润（600万元）＝主营业务收入（7 200万元）－主营业务成本（4 500万元）－税金及附加（770万元）－销售费用（500万元）－管理费用（400万元）－财务费用（150万元）－营业外支出（80万元）－所得税费用（200万）。故选A，排除BCD。

25. 参考答案：C

试题评析：按照会计报表的编制主体不同，可以分为个别报表和合并报表。个别报表是指由企业在自身会计核算基础上对账簿记录进行加工而编制的会计报表。合并报表是以母公司和子公司组成的企业集团为会计主体，根据母公司和所属子公司的会计报表，由母公司编制的综合反映企业集团财务状况、经营成果及现金流量的财务报表。

(二) 多项选择题

1. 参考答案：ABD

试题评析：资产负债表是指反映企业某一特定日期（如月末、季末、年末）的财务状况的会计报表，又称为静态报表，是企业的主要报表之一。通过编制资产负债表，可以帮助报表使用者全面了解企业的财务状况，分析企业的债务偿还能力。资产负债表中大多数项目可以直接根据账户余额填列，少数项目则要根据账户余额进行分析、计算后才能填列。

2. 参考答案：ABCD

试题评析：资产负债表由表头和表体两部分组成。表头部分应列明报表名称、编表单位名称、资产负债表日和人民币金额单位。

3. 参考答案：ABCD

试题评析：资产负债表左方为资产项目，按流动性大小排列，分为流动资产和非流动资产，固定资产和无形资产都属于非流动资产。因此，本题应选择 ABCD。

4. **参考答案**：ACD

试题评析：流动资产主要包括：货币资金、交易性金融资产、衍生金融资产、应收票据、应收账款、预付款项、其他应收款、其他应收款、存货、持有待售资产、一年内到期的非流动资产等。"预收款项"属于流动负债。

5. **参考答案**：ABD

试题评析：流动负债是指将在 1 年（含 1 年）或者超过 1 年的一个营业周期内偿还的债务。长期借款属于长期负债，故列在非流动负债项目下。

6. **参考答案**：ABC

试题评析：资产负债表的填制方法：①根据某个总账账户的期末余额直接填列；②根据若干个总账账户的期末余额分析计算填列；③根据有关总账所属的明细账的期末余额分析计算填列；④根据有关总账及其明细账的期末余额分析计算填列；⑤根据有关资产类账户与其备抵账户抵销后的净额填列。

7. **参考答案**：AD

试题评析：根据总账科目直接填列的项目主要有"短期借款""应交税费""实收资本（股本）""资本公积""盈余公积"等。"存货"项目需根据几个总账科目的期末余额计算填列；"应收账款"应该根据有关账户所属明细账的期末余额分析计算填列。

8. **参考答案**：ABC

试题评析：货币资金包括库存现金、银行存款和其他货币资金（如现金等价物等）。应收票据不属于货币资金。

9. **参考答案**：ABCD

试题评析："应付职工薪酬"，根据其明细科目余额计算填列；应收账款项目，应根据"应收账款"账户及"预收账款"账户所属明细账的期末借方余额合计填列。"存货"项目，应根据"材料采购"（在途物资）、"原材料""库存商品""生产成本""周转材料""委托加工物资""材料成本差异""发出商品"等账户期末余额合计减去"存货跌价准备"等账户期末余额后的金额填列；"未分配利润"项目，平时应根据"本年利润"和"利润分配"账户的余额计算填列。

10. **参考答案**：ABD

试题评析：根据相关科目明细余额填列的有应收账款、预收款项、应付账款、预付款项；应收款项项目，应根据"应收账款"账户及"预收账款"账户所属明细账的期末借方余额合计填列；预付款项项目，应根据"预付账款"账户及"应付账款"账户所属明细账的期末借方余额合计填列；应付账款项目，应根据"应付账款"账户及"预付账款"账户所属明细账的期末贷方余额合计填列；预收款项项目，应根据"预收账款"账户及"应收账款"账户所属明细账的期末贷方余额合计填列；货币资金，根据若干总账账户计算填列。

11. **参考答案**：BD

试题评析：资产负债表中，应付账款项目，应根据"应付账款"账户及"预付账款"账户所属明细账的期末贷方余额合计填列。

12. 参考答案： AB

试题评析： "应收账款"和"预收款项"科目应根据有关总账所属的明细账的期末余额分析计算填列，而不是根据总账账户期末余额直接填列。①资产负债表中，"应收款项"的余额＝应收账款所属明细账户的借方余额＋预收账款所属明细账户的借方余额＝6 000＋2 500＝8 500（元）；②资产负债表中，"预收款项"的余额＝预收账款所属明细账户的贷方余额＋应收账款所属明细账户的贷方余额＝3 000＋2 000＝5 000（元）。

13. 参考答案： ABD

试题评析： 本题考核利润表的特点。利润表又称损益表，是反映企业在一定会计期间经营成果的动态报表。利润表根据会计核算的配比原则，把一定时期的收入和相对应的费用配比，从而计算出企业一定时期的各项利润指标。根据利润表的特点，选项ABD正确；反映企业财务状况的报表是资产负债表，选项C错误。因此，本题正确答案为ABD。

14. 参考答案： BCD

试题评析： 财务费用、管理费用、销售费用都属于利润表项目，因此，本题正确答案为BCD。

15. 参考答案： AC

试题评析： 根据利润计算的相关公式，"营业利润＝营业收入－营业成本－税金及附加－销售费用－管理费用－研发费用－财务费用＋其他收益＋投资收益（损失以"－"表示）＋净敞口套期收益（损失以"－"表示）＋公允价值变动收益（损失以"－"表示）＋信用减值损失（损失以"－"表示）＋资产减值损失（损失以"－"表示）＋资产处置收益（损失以"－"表示）。"由此可见"营业外收入""营业外支出"不会影响营业利润的计算。

16. 参考答案： ABC

试题评析： 企业利润总额包括营业利润加营业外收入减营业外支出。利润总额扣除所得税费用后，是净利润。故选ABC。

17. 参考答案： ABD

试题评析： "营业利润＝营业收入－营业成本－税金及附加－销售费用－管理费用－研发费用－财务费用＋其他收益＋投资收益（损失以"－"表示）＋净敞口套期收益（损失以"－"表示）＋公允价值变动收益（损失以"－"表示）＋信用减值损失（损失以"－"表示）＋资产减值损失（损失以"－"表示）＋资产处置收益（损失以"－"表示）。"

18. 参考答案： ACD

试题评析： 本题考核利润表中的相关计算。"营业利润＝营业收入－营业成本－税金及附加－销售费用－管理费用－研发费用－财务费用＋其他收益＋投资收益（损失以"－"表示）＋净敞口套期收益（损失以"－"表示）＋公允价值变动收益（损失以"－"表示）＋信用减值损失（损失以"－"表示）＋资产减值损失（损失以"－"表示）＋资产处置收益（损失以"－"表示）。"＝170－119－17－11－10－1.9＋20－10＝21.1（万元）；利润总额＝营业利润＋营业外收入－营业外支出＝21.1＋1.6－2.5＝20.2（万元）；净利润＝利润总额×（1－所得税税率）＝20.2×（1－25%）＝15.15（万元）。

因此仅B项正确，错误的选项为ACD。

19. 参考答案： AC

试题评析：利润总额＝营业利润＋营业外收入－营业外支出＝320＋50－10＝360（万元）。

净利润＝利润总额－所得税费用，所得税费用＝360－310＝50（万元）。

20. **参考答案**：ACD

试题评析：利润表各项目"上期金额"栏内各项数字，应根据上年度利润表的"本期金额"栏内所列数字填列。如果上年度利润表与本年度利润表的项目名称和内容不一致，应对上年度利润表项目的名称和数字按本期的规定进行调整，填入本年度利润表的"上期金额"栏内。

21. **参考答案**：ABD

试题评析：根据公式"营业利润＝营业收入－营业成本－税金及附加－销售费用－管理费用－研发费用－财务费用＋其他收益＋投资收益（损失以"－"表示）＋净敞口套期收益（损失以"－"表示）＋公允价值变动收益（损失以"－"表示）＋信用减值损失（损失以"－"表示）＋资产减值损失（损失以"－"表示）＋资产处置收益（损失以"－"表示）。"可知，A项当选。根据公式"利润总额＝营业利润＋营业外收入－营业外支出"可知，B项当选。根据公式"净利润＝利润总额－所得税费用"可知，D项当选，C项排除。故选ABD。

22. **参考答案**：BC

试题评析：本题考核资产负债表和利润表的特征。资产负债表是反映单位在某一特定日期财务状况的静态会计报表；利润表是反映企业在一定会计期间经营成果的动态报表。选项A资产负债表是动态报表，利润表是静态报表说法错误，选项D说法错误，利润表和资产负债表都是月份报表。

23. **参考答案**：ABC

试题评析：财务会计报表可以反映企业某一特定日期财务状况和某一会计期间经营成果、现金流量等会计信息的文件。

24. **参考答案**：AD

试题评析：会计报表按编制期间分类，可分为中期会计报表和年度会计报表。中期财务会计报表是以短于一个完整会计年度的报告期间为基础编制的财务会计报表，包括月报、季报、半年报等。

25. **参考答案**：BD

试题评析：按照会计报表的编制主体不同，可以分为个别报表和合并报表，故选BD，排除AC。

(三) 判断题

1. **参考答案**：正确

试题评析：账户式资产负债表分左、右两方，左方为资产项目，右方为负债及所有者权益项目。

2. **参考答案**：错误

试题评析：资产负债表是指反映企业某一特定日期（如月末、季末、年末）的财务状况的会计报表。它是根据"资产＝负债＋所有者（股东）权益"这一会计等式，按照一定的分类标准和顺序，将企业在一定日期的全部资产、负债和所有者（股东）权益项目进行适当分类、汇总、排列后编制而成的。

3. **参考答案**：正确

试题评析：我国企业的资产负债表通常采用账户式结构，左方列示资产项目，按资产流动性排列；右方列示负债和所有者权益项目，反映全部负债和所有者权益的内容及构成情况，一般按求偿权先后顺序排列。

4. **参考答案**：错误

试题评析："资产＝负债＋所有者权益"是设计资产负债表结构的依据。

5. **参考答案**：错误

试题评析：资产负债表是指反映单位在某一特定日期财务状况的会计报表，属于静态报表。编制时，根据有关账户的期末余额直接填列或分析计算填列。因此本题说法错误。

6. **参考答案**：正确

试题评析：资产负债表是总括反映企业特定日期资产、负债和所有者权益情况的静态报表，通过它可以了解企业的财务状况，分析企业的偿债能力。

7. **参考答案**：错误

试题评析：通过账户式资产负债表，可以反映资产、负债、所有者权益之间的内在关系，即"资产＝负债＋所有者权益"。

8. **参考答案**：错误

试题评析：资产负债表中的项目既有根据有关账户直接填列，又有经过分析、整理后填列，即直接填列法和间接填列法的编制方法。

9. **参考答案**：正确

试题评析：资产负债表各项目的"期末余额"，应根据总账和有关明细账的期末余额采用不同的方法填列，如直接、分析或计算填列。

10. **参考答案**：正确

试题评析："货币资金"项目，应根据"库存现金""银行存款""其他货币资金"等账户的期末余额合计数填列。

11. **参考答案**：错误

试题评析：在资产负债表中，"应收账款"项目应当根据"应收账款"账户及"预收账款"账户所属明细账的期末借方余额合计减去"坏账准备"备抵总账账户中对应收账款计提的坏账准备后的金额填列。

12. **参考答案**：错误

试题评析："预付款项"项目根据"应付账款"和"预付账款"账户所属各明细账期末借方余额的合计数填列。

13. **参考答案**：正确

试题评析：本题考核资产负债表中固定资产项目。资产负债表中"固定资产"项目应根据"固定资产"账户余额减去"累计折旧""固定资产减值准备"等账户的期末余额后的金额填列。

14. **参考答案**：错误

试题评析：利润表是反映企业经营成果的会计报表，可以从总体上了解企业收入、费用和利润的实现及构成状况。通常比较企业不同时期的利润表，可以分析企业的获利能力及利润的未来发展趋势。

15. **参考答案**：正确

试题评析：按照企业会计准则的规定，我国企业采用的是多步式利润表格式。

16. **参考答案**：错误

试题评析：利润表中，"营业成本"项目反映企业经营业务发生的实际成本。本项目应根据"主营业务成本"和"其他业务成本"账户的发生额分析填列。不包括各项销售费用。

17. **参考答案**：错误

试题评析：利润表中的"营业收入"是由主营业务收入和其他业务收入的合计填列。

18. **参考答案**：错误

试题评析：根据净利润计算公式：净利润＝利润总额－所得税费用。

19. **参考答案**：错误

试题评析：资产负债表反映企业在某一特定日期所拥有的资产、需偿还的债务，以及投资者（股东）拥有的净资产情况；利润表反映企业在一定会计期间的经营成果，即利润或亏损的情况，表明企业运用所拥有的资产的获得能力；现金流量表反映企业在一定会计期间现金和现金等价物流入和流出的情况。

20. **参考答案**：正确

试题评析：编制财务会计报告是全面、系统反映企业在某一特定日期的财务状况或某一会计期间的经营成果和现金流量的一种专门方法。

21. **参考答案**：错误

试题评析：编制会计报表的目的不仅仅是满足投资者的需要，还要满足宏观管理部门、债权人企业管理当局的需要。

22. **参考答案**：错误

试题评析：企业对外提供的会计报表至少包括：（1）资产负债表；（2）利润表；（3）现金流量表；（4）所有者权益（或股东权益，下同）变动表；（5）附注。成本分析表属于对内提供的会计报表。

23. **参考答案**：错误

试题评析：单位编制的财务会计报告应当真实可靠、全面完整、编报及时、便于理解，符合国家统一的会计制度和会计准则的有关规定。编报及时要求单位平时应按照规定的时间做好记账、算账和对账工作，做到日清月结，按照规定的期限编制完成财务报告并对外报出，不得延迟，但也不能为赶编报告而提前结账。

24. **参考答案**：错误

试题评析：不同会计资料使用者使用会计报告的目的不相同，但会计报表的编制依据都一致，不存在差异。财务会计报告必须根据审核无误的账簿及相关资料编制，不得以任何方式弄虚作假。

25. **参考答案**：错误

试题评析：中期财务会计报表是以短于一个完整会计年度的报告期间为基础编制的财务会计报表，包括月报、季报、半年报等。

归纳总结：对于考证，我还要重点复习的知识点有

本项目实训练习自我总结：

1. 重点：

2. 难点：

3. 易错点：

4. 我的漏洞：

项目六 展示学习成果，进行会计工作过程的基本技能综合实训

一、对一对：实训练习题答案

（一）记账凭证

（1）1日，接受货币投资。

通用记账凭证

2023 年 12 月 1 日　　　　　　　　　　　　　　字第 1 号　附件 2 张

摘要	会计科目		借方金额								记账	贷方金额								记账
	总账科目	明细科目	十	万	千	百	十	元	角	分		十	万	千	百	十	元	角	分	
接受投资	银行存款		8	0	0	0	0	0	0	0										
	实收资本	新华公司										8	0	0	0	0	0	0	0	
	合计		¥8	0	0	0	0	0	0	0		¥8	0	0	0	0	0	0	0	

会计主管：　　　记账：　　　复核：　　　出纳：　　　制单：张晓红

（由于篇幅所限，以下各题均以会计分录代替记账凭证。）

（2）2日，购料。

　　借：原材料——笔用塑料　　　　　　　　　　　　　　　　8 000
　　　　应交税费——应交增值税（进项税额）　　　　　　　　1 040
　　　　贷：银行存款　　　　　　　　　　　　　　　　　　　　　　9 040

（3）2日，支付广告费用。

　　借：销售费用——广告费　　　　　　　　　　　　　　　　5 000
　　　　应交税费——应交增值税（进项税额）　　　　　　　　　300
　　　　贷：银行存款　　　　　　　　　　　　　　　　　　　　　　5 300

（4）2日，预借差旅费。

　　借：其他应收款——王强　　　　　　　　　　　　　　　　2 000
　　　　贷：银行存款　　　　　　　　　　　　　　　　　　　　　　2 000

（5）3日，销货。

　　借：应收账款——南昌市商贸有限公司　　　　　　　　496 070
　　　　贷：主营业务收入——铅笔　　　　　　　　　　　　　　264 000
　　　　　　　　　　　　——圆珠笔　　　　　　　　　　　　175 000

　　　　　　应交税费——应交增值税（销项税额）　　　　　　57 070
　　　　借：主营业务成本——铅笔　　　　　　　　212 000
　　　　　　　　　　　　——圆珠笔　　　　　　 143 500
　　　　　　贷：库存商品——铅笔　　　　　　　　　　　　 212 000
　　　　　　　　　　　　 ——圆珠笔　　　　　　　　　　 143 500

（6）5日，购买固定资产。
　　　　借：固定资产——机器设备　　　　　　　260 000
　　　　　　应交税费——应交增值税（进项税额）　33 800
　　　　　　贷：银行存款　　　　　　　　　　　　　　　 293 800

（7）6日，提取备用金。
　　　　借：库存现金　　　　　　　　　　　　　 2 000
　　　　　　贷：银行存款　　　　　　　　　　　　　　　　2 000

（8）8日，购办公用品。
　　　　借：管理费用——办公用品　　　　　　　　460
　　　　　　制造费用——办公用品　　　　　　　　400
　　　　　　贷：库存现金　　　　　　　　　　　　　　　　　860

（9）8日，收到货款。
　　　　借：银行存款　　　　　　　　　　　　　30 000
　　　　　　贷：应收账款——南昌市伟博工厂　　　　　　　30 000

（10）9日，报销差旅费。
　　　　借：管理费用——差旅费　　　　　　　　1 940
　　　　　　库存现金　　　　　　　　　　　　　 310
　　　　　　贷：其他应收款——王强　　　　　　　　　　　 2 250

（11）10日，上交上月税款。
　　　　借：应交税费——未交增值税　　　　　　87 000
　　　　　　　　　　　　——应交城建税　　　　　6 090
　　　　　　　　　　　　——应交教育费附加　　 2 610
　　　　　　贷：银行存款　　　　　　　　　　　　　　　　95 700

（12）12日，收到货款。
　　　　借：银行存款　　　　　　　　　　　　 496 070
　　　　　　贷：应收账款——南昌市商贸有限公司　　　　　 496 070

（13）13日，偿债。
　　　　借：应付票据——南昌东风工厂　　　　 160 000
　　　　　　贷：银行存款　　　　　　　　　　　　　　　 160 000

（14）19日，偿债。
　　　　借：短期借款　　　　　　　　　　　　　80 000
　　　　　　贷：银行存款　　　　　　　　　　　　　　　　80 000

（15）23日，支付水电费。
　　　　借：制造费用——水电费　　　　　　　　6 442

   贷：银行存款   6 442

（16）25 日，盘亏。

   借：待处理财产损溢——流动资产损溢   287

    贷：库存商品——圆珠笔   287

  25 日，盘盈

   借：原材料——笔用塑料   56

    贷：待处理财产损溢——流动资产损溢   56

  盘盈处理

   借：待处理财产损溢——流动资产损溢   56

    贷：管理费用——盘盈   56

  盘亏处理

   借：其他应收款——何丽   57.4

    营业外支出——盘亏   229.6

    贷：待处理财产损溢——流动资产损溢   287

（17）30 日，领料生产。

   借：生产成本——铅笔   1 600

       ——圆珠笔   8 600

    贷：原材料——其他材料   400

      ——木材   1 200

      ——笔用塑料   3 200

      ——笔用金属   5 400

（18）31 日，计提折旧。

   借：制造费用——折旧   12 000

    管理费用——折旧   6 600

    贷：累计折旧   18 600

（19）31 日，计提借款利息。

   借：财务费用——利息支出   1 800

    贷：应付利息   1 800

（20）31 日，结算工资。

   借：生产成本——铅笔   9 800

       ——圆珠笔   13 600

    制造费用——工资   6 800

    管理费用——工资   6 600

    贷：应付职工薪酬——工资   36 800

（21）31 日，分配制造费用。

   制造费用 = 400 + 6 442 + 12 000 + 6 800 = 25 642（元）

   分配率 = 25 642/（200 + 220）= 61.05（元/小时）

   借：生产成本——铅笔   12 210

       ——圆珠笔   13 432

　　　　贷：制造费用　　　　　　　　　　　　　　　　　　　　　25 642

（22）31 日，结转完工产品成本。

　　铅笔 = 1 600 + 9 800 + 12 210 = 23 610（元）

　　圆珠笔 = 8 600 + 13 600 + 13 432 = 35 632（元）

　　　　借：库存商品——铅笔　　　　　　　　　　　23 610

　　　　　　　　——圆珠笔　　　　　　　　　　　35 632

　　　　　　贷：生产成本——铅笔　　　　　　　　　　　　　　23 610

　　　　　　　　　　——圆珠笔　　　　　　　　　　　　　　35 632

（23）31 日，结转损益。

　　　　借：主营业务收入——铅笔　　　　　　　　264 000

　　　　　　　　　　——圆珠笔　　　　　　　　175 000

　　　　　　贷：本年利润　　　　　　　　　　　　　　　　439 000

　　　　借：本年利润　　　　　　　　　378 073.60

　　　　　　贷：管理费用　　　　　　15 544（460 + 1 940 − 56 + 6 600 + 6 600）

　　　　　　　　财务费用　　　　　　　　　　　　　　1 800

　　　　　　　　销售费用　　　　　　　　　　　　　　5 000

　　　　　　　　营业外支出　　　　　　　　　　　　229.60

　　　　　　　　主营业务成本　　　　　　　　　　355 500

（24）31 日，计算并结转所得税。

　　　　借：所得税费用　　　15 231.60［（439 000 − 378 073.60）× 0.25］

　　　　　　贷：应交税费——应交所得税　　　　　　　　　　15 231.60

　　　　借：本年利润　　　　　　　　　15 231.60

　　　　　　贷：所得税费用　　　　　　　　　　　　　　　　15 231.60

（25）31 日，结转本年利润。

　　　　借：本年利润　963 694.80（918 000 + 439 000 − 378 073.60 − 15 231.60）

　　　　　　贷：利润分配——未分配利润 963 694.80

（26）31 日，计提法定和任意盈余公积金。

　　　　借：利润分配——提取法定盈余公积　　　　96 369.48

　　　　　　　　——提取任意盈余公积　　　　144 554.22

　　　　　　贷：盈余公积——法定盈余公积　　　　　　　　96 369.48

　　　　　　　　　　——任意盈余公积　　　　　　　　144 554.22

（27）31 日，计算应付利润。

　　　　借：利润分配——应付利润　　　　　　　　192 738.96

　　　　　　贷：应付利润　　　　　　　　　　　　　　　　192 738.96

（28）31 日，结转利润分配账户。

　　　　借：利润分配——未分配利润　　　　　　　433 662.66

　　　　　　贷：利润分配——提取法定盈余公积　　　　　　96 369.48

　　　　　　　　　　——提取任意盈余公积　　　　　　144 554.22

　　　　　　　　　　——应付利润　　　　　　　　　　192 738.96

（二）登记各种日记账（答表6-1）（由于篇幅所限，只登记银行存款日记账，其他略。）

答表6-1　银行存款日记账

2023年 月	日	凭证号数 种类	号数	对方科目	摘要	借方	贷方	余额
11	31	略			略	略		5 800 000.00
11	31	略			本月合计	略		5 800 000.00
12	1			实收资本	收到投资	8 000 000.00		13 800 000.00
	2			原材料	购料		90 400.00	13 709 600.00
	2			销售费用	支付广告费		53 000.00	13 656 600.00
	2			其他应收款	预借差旅费		20 000.00	13 636 600.00
	5			固定资产	购固定资产		2 938 000.00	10 698 600.00
	6			库存现金	提取备用金		20 000.00	10 678 600.00
	8			应收账款	收到货款	300 000.00		10 978 600.00
	10			应交税费	上交税费		957 000.00	10 021 600.00
	12			应收账款	收到货款	4 960 700.00		14 982 300.00
	13			应付票据	偿债		1 600 000.00	13 382 300.00
	19			短期借款	偿债		800 000.00	12 582 300.00
	23			制造费用	支付水电费		64 420.00	12 517 880.00
	31				本月合计	13 260 700.00	6 542 820.00	12 517 880.00
	31				本年累计	略		12 517 880.00
					结转下年			

（三）登记各种明细分类账（答表6-2～答表6-4）（由于篇幅所限，只登记应付账款明细账、原材料明细账和管理费用明细账，其他略）

答表6-2　应收账款明细账

明细科目：南昌市商贸有限公司

2023年 月	日	凭证号数 种类	号数	摘要	借方	贷方	借或贷	余额
11	30			略	略		借	2 200 000.00
12	3			销货	4 960 700.00		借	7 160 700.00
	12			收到货款		4 960 700.00	借	2 200 000.00
	31			本月合计	4 960 700.00	4 960 700.00	借	2 200 000.00
				结转下年				

答表 6-3 原材料明细账

货号＿＿＿＿ 品名笔用塑料

计数单位＿＿＿＿＿ 备注＿＿＿＿

2023 年		记账凭证		摘 要	收　入			发　出			结　余		
月	日	字	号		数量	单价	金额	数量	单价	金额	数量	单价	金额
11	30			略	略			略			1 800	2	3 600.00
12	3			购入	4 000	2	8 000.00				5 800	2	11 600.00
	25			盘盈	28	2	56.00				5 828	2	11 656.00
	30			领用				1 600	2	3 200.00	4 228	2	8 456.00
	30			本月合计	4 028	2	8 056.00	1 600	2	3 200.00	4 228	2	8 456.00
	30			本年累计	略			略			4 228	2	8 456.00
	30			结转下年									

答表 6-4 管理费用明细账

2023 年		凭证	摘 要	借方金额	贷方金额	余 额	（借）方分析				
月	日						办公用品	差旅费	盘盈	折旧费	工资
11	30		略	略	略	0					
12	8		购办公用品	460.00		460.00	460.00				
	9		报差旅费	1 940.00		2 400.00		1 940.00			
	25		盘盈		56.00	2 344.00			56.00		
	31		计提折旧	6 600.00		8 944.00				6 600.00	
	31		结算工资	6 600.00		15 544.00					6 600.00
	31		本月合计	15 600.00	56.00	15 544.00	460.00	1 940.00	56.00	6 600.00	6 600.00
	31		本年累计	略	略						

（四）科目汇总表（答表 6-5）

答表 6-5 科目汇总表

2023 年 12 月

科目名称	借方发生额	贷方发生额
库存现金	2 310.00	860.00
银行存款	1 326 070.00	654 282.00
应收账款	496 070.00	526 070.00
其他应收款	2 057.40	2 250.00
原材料	8 056.00	10 200.00
生产成本	59 242.00	59 242.00

续表

科目名称	借方发生额	贷方发生额
制造费用	25 642.00	25 642.00
库存商品	59 242.00	355 787.00
固定资产	260 000.00	—
累计折旧	—	18 600.00
待处理财产损益	343.00	343.00
短期借款	80 000.00	—
应付票据	160 000.00	—
应付职工薪酬	—	36 800.00
应付利润	—	192 738.96
应付利息	—	1 800.00
应交税费	130 840.00	72 301.60
实收资本	—	800 000.00
盈余公积	—	240 923.70
本年利润	1 357 000.00	439 000.00
利润分配	867 325.32	1 397 357.46
主营业务收入	439 000.00	439 000.00
主营业务成本	355 500.00	355 500.00
营业外支出	229.60	229.60
销售费用	5 000.00	5 000.00
财务费用	1 800.00	1 800.00
管理费用	15 600.00	15 600.00
所得税费用	15 231.60	15 231.60
合计	5 666 558.92	5 666 558.92

（五）登记总账（答表6-6）（由于篇幅所限，只登记应收账款总账，其他略）

答表6-6　应收账款总账

2023年		凭证		摘要	借方									贷方									借或贷	余额								
月	日	种类	号数		百	十	万	千	百	十	元	角	分	百	十	万	千	百	十	元	角	分		百	十	万	千	百	十	元	角	分
11	30			略					略														借		2	8	4	0	0	0	0	0
12	31			1-31日凭证汇总		4	9	6	0	7	0	0	0		5	2	6	0	7	0	0	0	借		2	5	4	0	0	0	0	0
				结转下年																												

（六）会计报表（答表6-7和答表6-8）

答表6-7　资产负债表

会企01表

编制单位：江西美华笔业有限公司　　　　2023年12月31日　　　　　　　　单位：元

资产	期末余额	上年年末余额（略）	负债和所有者权益（或股东权益）	期末余额	上年年末余额（略）
流动资产：			流动负债：		
货币资金	1 255 638.00		短期借款	100 000.00	
交易性金融资产	100 000.00		交易性金融负债		
衍生金融资产			衍生金融负债		
应收票据			应付票据		
应收账款	254 000.00		应付账款	267 000.00	
应收款项融资			预收款项		
预付款项	28 900.00		合同负债		
其他应收款	57.40		应付职工薪酬	52 420.00	
存货	523 011.00		应交税费	59 461.60	
合同资产			其他应付款	256 338.96	
持有待售资产			持有待售负债		
一年内到期的非流动资产			一年内到期的非流动负债		
其他流动资产			其他流动负债		
流动资产合计	2 161 606.40		流动负债合计	735 220.56	
非流动资产：			非流动负债：		
债权投资			长期借款	200 000.00	
其他债权投资			应付债券		
长期应收款			其中：优先股		
长期股权投资	456 000.00		永续债		
其他权益工具投资			租赁负债		
其他非流动金融资产			长期应付款		
投资性房地产			预计负债		
固定资产	4 028 400.00		递延收益		
在建工程			递延所得税负债		
生产性生物资产			其他非流动负债		
油气资产			非流动负债合计	200 000.00	
使用权资产			负债合计	935 220.56	

续表

资产	期末余额	上年年末余额（略）	负债和所有者权益（或股东权益）	期末余额	上年年末余额（略）
无形资产	692 000.00		所有者权益（或股东权益）：		
开发支出			实收资本（或股本）	4 229 300.00	
商誉			其他权益工具		
长期待摊费用			其中：优先股		
递延所得税资产			永续债		
其他非流动资产			资本公积	732 420.00	
非流动资产合计	5 176 400.00		减：库存股		
			其他综合收益		
			专项储备		
			盈余公积	757 548.70	
			未分配利润	683 517.14	
			所有者权益（或股东权益）合计	6 402 785.84	
资产总计	7 338 006.40		负债和所有者权益（或股东权益）总计	7 338 006.40	

答表 6-8　利润表

会企 02 表

编制单位：江西美华笔业有限公司　　　　2023 年　　　　　　　　　　　　单位：元

项目	本期金额	上期金额（略）
一、营业收入	3 120 600.00	
减：营业成本	1 934 800.00	
税金及附加	117 300.00	
销售费用	73 450.00	
管理费用	272 544.00	
研发费用		
财务费用	101 200.00	
其中：利息费用	101 200.00	
利息收入		
加：其他收益		

续表

项目	本期金额	上期金额（略）
投资收益（损失以"－"号填列）	31 600.00	
其中：对联营企业和合营企业的投资收益		
以摊余成本计量的金融资产终止确认收益（损失以"－"号填列）		
净敞口套期收益（损失以"－"号填列）		
公允价值变动收益（损失以"－"号填列）		
减值损失（损失以"－"号填列）		
资产减值损失（损失以"－"号填列）		
资产处置收益（损失以"－"号填列）		
二、营业利润（亏损以"－"号填列）	652 906.00	
加：营业外收入	11 400.00	
减：营业外支出	19 829.60	
三、利润总额（亏损总额以"－"号填列）	644476.40	
减：所得税费用	161 119.10	
四、净利润（净亏损以"－"号填列）	483 357.30	
（一）持续经营净利润（净亏损以"－"号填列）		
（二）终止经营净利润（净亏损以"－"号填列）		
五、其他综合收益的税后净额	0	
六、综合收益总额	483 357.30	
七、每股收益		
（一）基本每股收益		
（二）稀释每股收益		

二、评一评：初级会计资格考试练习题解析

练习题一解析

（一）单项选择题（每题1分，共20分）

1. B

试题评析：企业对于它所有的机器设备、厂房等固定资产，只有在持续经营的前提下，才可以在机器设备的使用年限内，按照其价值和使用情况，确定采用某一折旧方法计提折旧。

2. C

试题评析：会计核算的基本特点包括：（1）以货币为主要计量单位反映各单位的经济活动；（2）会计核算具有完整性、连续性和系统性。故答案为C。

3. A

试题评析：根据题意知道本期资产增加了330万元。预收货款是资产、负债同时增加330万元；用银行存款购买材料是资产内部的增减，总额不变；将现金存入银行是资产内部的增减，总额不变；用银行存款偿还借款是资产、负债同时减少。

4. D

试题评析：固定资产、长期应收款、在建工程属于非流动资产。

5. B

试题评析：根据"期末余额＝期初余额＋本期增加发生额－本期减少发生额"得出"本期减少发生额＝期初余额＋本期增加发生额－期末余额＝377 698＋12 199＋4 503＋158－147 600＝246 958（元)"。

6. B

试题评析：选项A，"生产成本"可以有借方余额，表示期末尚未完工的产品（在产品）的实际生产成本。选项B，"所得税费用"属于损益类账户，损益类账户期末没有余额。选项C，"盈余公积"可以有贷方余额，表示盈余公积结余数额。选项D，"应交税费"若有借方余额，则表示企业期末多交或尚未抵扣的税费；若为贷方余额，则表示企业期末尚未缴纳的税费。综上，选项ACD年末有余额，只有选项B年末无余额。因此本题答案为B。

7. A

试题评析：借贷记账法对每项经济业务的记录，都按相等的金额，同时记入一个账户的借方和一个账户的贷方；或一个账户的借方和多个账户的贷方；或几个账户的借方和一个账户的贷方；或几个账户的借方和多个账户的贷方，账户之间互为对应账户。发生额试算平衡法是根据本期所有账户借方发生额合计与贷方发生额合计的恒等关系，检验本期发生额记录是否正确的方法。余额平衡法是根据本期所有账户借方余额合计与贷方余额合计的恒等关系，检验本期账户记录是否正确的方法。复合会计分录指由2个以上（不含2个）对应账户所组成的会计分录，即一借多贷、一贷多借或多借多贷的会计分录。

8. B

试题评析：现金送存银行应编制现金付款凭证。

9. D

试题评析：该笔经济业务以"商业汇票"支付，属于企业应该偿付的债务，应贷记"应付票据"。

10. A

试题评析："制造费用"科目核算企业生产车间（部门）为生产产品和提供劳务而发生的各项间接费用，包括生产车间发生的机物料消耗、管理人员的工资、折旧费、办公费、水电费季节性停工损失等。对于生产用设备的日常修理费用，应该通过"管理费用"来核算。

11. A

试题评析：结转产品销售成本时，编制的会计分录为：

借：主营业务成本

　　贷：库存商品等

12. C

试题评析：原始凭证又称单据，是在经济业务发生或完成时取得或填制的，用以记录或证明经济业务的发生或完成情况的原始凭据。选项C"银行存款余额调节表"只是一种对账的工具或参考资料，不是原始凭证，不能作为调整账面记录的依据，即企业对未达账项只有在收到有关凭证后，才能进行有关的账务处理。因此本题答案为C。

13. D

试题评析：从银行提取现金应填制银行存款付款凭证。

14. C

试题评析：不同类型经济业务的明细账可根据管理需要，依据记账凭证、原始凭证或汇总原始凭证逐日逐笔或定期汇总登记。固定资产、债权、债务等明细账应逐日逐笔登记；原材料、库存商品收发明细账以及收入、费用明细账可逐笔登记，也可定期汇总登记。因此本题答案为C。

15. A

试题评析：账账核对的主要内容包括：①总分类账簿之间的核对。②总分类账簿与所属明细分类账簿之间的核对。③总分类账簿与序时账簿之间的核对。④明细分类账簿之间的核对。选项A银行存款日记账余额与银行对账单余额的核对属于账实核对，因此本题答案为A。

16. B

试题评析：会计凭证中会计科目错误，并据以登记入账，则正确的更正方法是红字更正法。

17. C

试题评析：库存现金清查中对无法查明原因的长款，经批准应计入营业外收入。

18. B

试题评析：在财产清查中如果发现某项财产物资由于计量不准、手续不完备等造成实存数大于账面数的差额，称为盘盈；如果发现某项财产物资由于计量不准、自然灾害等原因造成实存数小于账面数的差额，称为盘亏或毁损。

19. A

试题评析：账户式资产负债表分为左右两方，其中左方为资产项目，按资产的流动性大小顺序排列；右方为负债和所有者权益项目，按求偿权先后顺序排列。左右两方总额相等。

20. C

试题评析：账户式资产负债表分左右两方，左方为资产项目，反映全部资产的分布及存在形态，按资产的流动性大小排列。右方为负债和所有者权益（或股东权益）项目，反映全部负债和所有者权益的内容及构成情况，一般按求偿权先后顺序排列。

（二）多项选择题（每题2分，共30分）

1. ABCD

试题评析：会计的基本特征：①会计是一种经济管理活动；②会计是一个经济信息系统；③会计以货币作为主要计量单位；④会计具有核算和监督的基本职能；⑤会计采用一系列专门的方法。

2. ABCD

试题评析：会计主体，是指会计所核算和监督的特定单位或者组织，是会计确认、计量和报告的空间范围。可以是一个企业，也可以是企业内部的某一个单位或企业中的一个特定的部分；可以是一个单一的企业，也可以是由几个独立企业组成的企业集团。"分公司"

"营业部""生产车间""事业部"均可以作为一个会计主体单独进行核算。

3. ABD

试题评析：预收账款属于负债要素。

4. BC

试题评析：选项 A、D 都是在资产内部一增一减，资产总额不变，更不会影响负债和所有者权益，因此不符合题目要求。

5. AB

试题评析：营业成本包括主营业务成本和其他业务成本。

6. ABD

试题评析：借贷记账法下，记账规则是"有借必有贷，借贷必相等"。既可以是一借一贷，也可以是一借多贷或者一贷多借。

7. BC

试题评析：将各损益类科目年末余额结转入"本年利润"科目：①结转各项收入、利得类科目：

借：主营业务收入

其他业务收入

公允价值变动损益

投资收益

营业外收入

　　贷：本年利润

②结转各项费用、损失类科目：

借：本年利润

　　贷：主营业务成本

其他业务成本

税金及附加

销售费用

管理费用

财务费用

资产减值损失

营业外支出

8. ABCD

试题评析：所有者投入资本按照主体的不同，可以分为国家资本金、法人资本金、个人资本金和外商资本金等。

9. CD

试题评析：应作为期间费用核算的有销售产品的广告费和行政管理人员薪酬。

10. AC

试题评析：资产类账户和成本类账户余额一般在借方。

11. ABC

试题评析：原始凭证的合法性审核的内容包括：①是否符合国家有关政策、法规和制度等规定；②是否符合规定的审核权限；③是否符合规定的审核程序；④是否有贪污腐败等行为。选项 D 属于原始凭证完整性审核的内容。因此，本题正确答案为 ABC。

12. CD

试题评析：涉及库存现金和银行存款收款业务的，应当编制收款凭证；涉及库存现金和银行存款付款业务的，应当编制付款凭证。对于库存现金和银行存款之间的相互划转的经济业务，为避免重复记账，只填写付款凭证而不填写收款凭证。CD 两笔业务都引起了银行存款的增加，是收款业务。而 AB 两笔业务属于银行存款与库存现金之间的划转业务，只编制付款凭证。故本题正确答案为 CD。

13. BCD

试题评析：账页是账簿用来记录经济业务的主要载体，包括账户的名称、日期栏、凭证种类和编号栏、摘要栏、金额栏以及总页次和分户页次等基本内容。

14. CD

试题评析：本题考查结账的方法。选项 AB，在"本月合计"和"本年累计"的下面一般划单红线；选项 CD，因为 12 月末的"本年累计"就是全年累计发生额，所以在"本年合计"和 12 月末的"本年累计"下面划双红线。因此，本题正确答案为 CD。

15. ABCD

试题评析：固定资产、债权、债务等明细账应逐日逐笔登记；原材料、库存商品收发明细账以及收入、费用明细账可逐笔登记，也可定期汇总登记。

（三）判断题（每题 1 分，共 10 分）

1. 正确

试题评析：为了了解每一个单位的财务状况、经营成果和现金流量，就必须对核算单位做出人为的限制和规定，于是形成了会计主体假设。

2. 正确

试题评析：收付实现制，也称现金收付制或现金制，是指以收到或支付的现金作为确认收入和费用等的依据。收付实现制是以实际收到或付出款项的日期确认收入或费用的归属期的制度。

3. 正确

试题评析：根据权责发生制基础的要求，凡是不属于当期的收入和费用，即使款项已经在当期收付，也不应当作为当期的收入和费用。

4. 正确

试题评析：债务是指由于过去的交易、事项形成的企业需要以资产或劳务等偿付的现时义务。

5. 正确

试题评析：资产必须由企业拥有或控制，租给别人的物品，虽已不在本企业，但本企业能够控制，仍作为本企业的资产。

6. 错误

试题评析：会计科目仅仅是账户的名称，不存在结构；而账户则具有一定的格式和结构。会计科目仅说明反映的经济内容是什么，而账户不仅说明反映的经济内容是什么，而且系统反映和控制其增减变化及结余情况。

7. 错误

试题评析：负债和权益类的也有可能是借方余额。例如，预交的税款计入应交税费的借方、企业的亏损计入未分配利润的借方等。

8. 正确

试题评析："销售费用""管理费用""财务费用"年末结转后都无余额。

9. 错误

试题评析：资产类账户左边均登记增加额，右方均登记减少额；负债类账户左边均登记减少额，右方均登记增加额。

10. 错误

试题评析：预付账款属于企业的资产，核算的是企业购货业务中预先支付的款项。

（四）业务题（每题20分，共40分）

1. 第1小题：25 000　第2小题：100　第3小题：3 800　第4小题：500　第5小题：178 100

试题评析：

（1）银行已收，企业未收为银行托收的货款，金额为25 000元

（2）银行已付，企业未付为银行结转手续费，金额为100元

（3）企业已收，银行未收为收到的转账支票一张，金额为3 800元

（4）企业已付，银行未付为106#转账支票，金额为500元

（5）调节后的银行存款余额为153 200 + 25 000 − 100 = 178 100（元）或174 800 + 3 800 − 500 = 178 100（元）。

2. 第1小题：

借：生产成本	26 200
贷：应付职工薪酬	26 200

第2小题：

借：制造费用	24 000
贷：累计折旧	24 000

第3小题：

借：生产成本	69 410
贷：制造费用	69 410

第4小题：130 942　第5小题：148 942

试题评析：

1. 应由生产产品、提供劳务负担的短期职工薪酬，计入产品成本或劳务成本。其中，生产工人的短期职工薪酬应借记"生产成本"科目，贷记"应付职工薪酬"科目，所做会计分录为：

借：生产成本——A产品	26 200
贷：应付职工薪酬	26 200

2. 企业按月计提的固定资产折旧，根据固定资产的用途计入相关资产的成本或者当期损益，本月生产车间计提固定资产折旧费24 000元，所做会计分录为：

借：制造费用	24 000

　　贷：累计折旧　　　　　　　　　　　　　　　　　　　　　　　24 000

　　3. 本月分配至 A 产品的制造费用为 69 410 元，所做会计分录为：

　　借：生产成本　　　　　　　　　　　　　　　　　69 410

　　　　贷：制造费用　　　　　　　　　　　　　　　　　　　　69 410

　　4. 业务（1）所述事项中，本月生产车间领用 X 材料 63 420 元，Y 材料 44 910 元用于生产 A、B 产品，并以 A、B 产品的完工产品数量为标准分配计入 A、B 成本，本月 A 产品完工 200 件，B 产品完工 300 件。即生产 A 产品领用的 X 材料为 63 420 × 2/5 = 25 368（元）；生产 A 产品领用的 Y 材料为 44 910 × 2/5 = 17 964（元）。即借：生产成本 43 332（25 368 + 17 964）贷：原材料 43 332 。因此，完工 A 产品生产成本 = 期初在产品成本 + 本期发生的生产费用 − 期末在产品成本 = 10 000 + 26 200 + 69 410 + 43 332 − 18 000 = 130 942（元）。

　　5. 资产负债表中，"存货"项目应根据"材料采购""原材料""发出商品""库存商品""周转材料""生产成本"等科目期末余额合计，减去"存货跌价准备"等科目期末余额后的金额填列，即 7 月初 A 在产品成本为 10 000 元。根据以上四项，经济业务"生产成本"账户增加了 26 200 + 69 410 + 43 332（43 332 元为生产 A 产品领用的 X、Y 材料结转到 A 产品的成本）= 138 942（元），即"存货"项目中的计列金额为 10 000 + 138 942 = 148 942（元）。

练习题二解析

（一）单选题（每题 1 分，共 20 分）

1. C

试题评析：根据持续经营前提，企业的生产经营活动将持续不断地经营下去。为了及时获得会计信息，更好地进行会计核算和监督，需要合理地划分会计期间，即进行会计分期。因此，会计分期是以持续经营为前提的。

2. A

试题评析：我国《企业会计准则——基本准则》第九条规定："企业应当以权责发生制为基础进行会计确认、计量和报告。"

3. B

试题评析：资本是投资者为开展生产经营活动而投入的资金。会计上的资本专指所有者权益中的投入资本，包括实收资本（或股本）和资本公积。资本的利益关系人比较明确，用途也基本定向。因此，明晰企业产权关系的重要标志是"资本"。

4. D

试题评析：流动资产是指企业可以在 1 年内或超过 1 年的一个营业周期内变现的资产。

5. C

试题评析：反映制造成本的科目有"生产成本""制造费用"科目，反映劳务成本的科目有"劳务成本"等。

6. C

试题评析：根据资产与权益的恒等关系以及借贷记账法的记账规则，检查所有科目记录是否正确的过程称为试算平衡。

7. C

试题评析：选项 C 因为以银行存款上交增值税意味着应交税金减少，应交税金属于负债。选项 A 负债增加，选项 B 负债不变，选项 D 负债增加。因此本题答案为 C。

8. B

试题评析：根据《国家税务总局关于全国实施增值税转型改革若干问题的通知》规定：自 2009 年 1 月 1 日起，增值税一般纳税人或者自制的用于生产、经营用固定资产的进项税额可以抵扣，不计入固定资产成本。2009 年 1 月 1 日以前取得的固定资产或者 2009 年 1 月 1 日以后取得的除生产、经营用固定资产以外的固定资产进项税额不可以抵扣，应该计入固定资产成本。所以固定资产的入账价值 = 100 + 3 = 103（万元）。因此本题答案为 B。

9. B

试题评析：90 000 − 72 000 = 18 000（元）

10. A

试题评析：7 000 − 4 000 = 3 000（元）

11. D

试题评析：通过试算平衡能够发现的错误是借贷金额不等。

12. C

试题评析：财政部、国家档案局令第 79 号发布了新的《会计档案管理办法》（以下简称新《管理办法》），于 2016 年 1 月 1 日起施行。新《管理办法》规定：会计账簿有一定的保管期限，根据其特点，分为永久和定期两类。就企业会计而言，会计凭证包括原始凭证和记账凭证的保管期限为 30 年；会计账簿中，总账、明细账、日记账和其他辅助性账簿的保管期限为 30 年，固定资产卡片在固定资产清理报废后保存 5 年。

13. C

试题评析：本题考核会计凭证的概念。会计凭证是记录经济业务发生或完成情况的书面证明，也是登记账簿的依据。

14. D

试题评析：日记账是按经济业务发生时间的先后顺序，逐日逐笔登记的账簿。

15. B

试题评析：划线更正法：在结账前发现账簿记录有文字或数字错误，而记账凭证没有错误，采用划线更正法。红字更正法：记账后在当年内发现记账凭证所记的会计科目错误，或者会计科目无误而所记金额大于应计金额，从而引起记账错误，采用红字更正法。补充登记法：记账后发现记账凭证填写的会计账户无误，只是所记金额小于应记金额时，采用补充登记法。

16. D

试题评析：汇总记账凭证账务处理程序是根据汇总记账凭证登记总分类账。记账凭证账务处理可以直接根据记账凭证登记总分类账。原始凭证和汇总原始凭证是编制记账凭证的依据。

17. A

试题评析：对于债权债务，应在年度内至少核对 1 ~ 2 次。

18. A

试题评析：制造费用是成本费用。

财产清查过程中，在审批前，对库存现金、原材料和固定资产的盘亏均应计入"待处理财产损溢"。而应收账款无法收回，应作为坏账处理。

19. B

试题评析：原材料是在资产负债表存货项目里核算的。

20. B

试题评析：资产负债表是反映企业某一特定日期财务状况的会计报表。因此本题答案为 B。

(二) 多项选择题（每题 2 分，共 30 分）

1. ABCD

试题评析：企业的生产经营活动通常包括供应、生产、销售三个过程。企业进行采购，将投入的资金用于建造或购置厂房、购买机器设备、购买原材料，购买生产线，为生产产品做必要的物资准备，这就是供应过程。

2. ABCD

试题评析：会计核算的基本假设包括会计主体、持续经营、会计分期和货币计量。

3. AB

试题评析："资产增加，负债减少，所有者权益不变"结果导致资产大于权益，会计等式被破坏，不会发生这样的业务；"资产不变，负债增加，所有者权益增加"结果导致资产小于权益，会计等式被破坏，也不会发生这样的业务；选项 C 和选项 D 不会破坏会计等式，所以选项 C、D 的业务可能发生。

4. ABC

试题评析：根据"资产＝负债＋所有者权益"和"收入－费用＝利润"这两个会计恒等式，可以得出"资产－负债＝所有者权益""收入＝费用＋利润"。

5. ACD

试题评析：明细科目是对总科目的具体化和详细说明。设置会计科目要做到统一性与灵活性相结合，并应具有可操作性。企业在不影响质量和对外提供会计信息的前提下，可合并会计科目或自行设置一些会计科目。

6. ABCD

试题评析：不影响借贷双方平衡关系的错误通常有：①漏记某项经济业务，使本期借贷双方的发生额等额减少，借贷仍然平衡；②重记某项经济业务，使本期借贷双方的发生额等额虚增，借贷仍然平衡；③某项经济业务记录的应借应贷科目正确，但借贷双方金额同时多记或少记，且金额一致，借贷仍然平衡；④某项经济业务记错有关账户，借贷仍然平衡；⑤某项经济业务在账户记录中，颠倒了记账方向，借贷仍然平衡；⑥某借方或贷方发生额中，偶然发生多记和少记并相互抵消，借贷仍然平衡。

7. AB

试题评析：属于负债类账户的有"应付账款"和"预收账款"。

8. ABD

试题评析：签订材料采购合同，并按约定预付货款 200 000 元，应做的会计分录为：

借：预付账款　　　　　　　　　　　　　　　　　　　　　　　　200 000

　贷：银行存款　　　　　　　　　　　　　　　　　　　　　　　　　　200 000

甲公司收到乙公司发来的材料，应做的会计分录为：

借：原材料　　　　　　　　　　　　　　　　　　　　　　　　　300 000

应交税费——应交增值税（进项税额）　　　　　　　39 000

　　贷：预付账款　　　　　　　　　　　　　　　　　　　　　　339 000

甲公司当即以银行存款补付货款，应做的会计分录为：

借：预付账款　　　　　　　　　　　　　　　　　　　139 000

　　贷：银行存款　　　　　　　　　　　　　　　　　　　　　　139 000

9. ABC

试题评析：借贷记账法下，账户的借方登记资产的增加、费用的增加、所有者权益的减少。

10. ABC

试题评析：该笔业务应借记"材料采购"、借记"应交税费——应交增值税（进项税额)"，贷记"应付票据"。

11. ABD

试题评析：记账凭证不需要单位负责人签章。

12. ABC

试题评析：限额领料单属于累计原始凭证。

13. ABCD

试题评析：总分类账户与明细分类账户的平行登记，主要概括为同金额登记、同方向登记、同依据登记、同期间登记。

14. AC

试题评析：在采用划线更正法更正时，可在错误的文字或数字上划一条线，表示注销。对于错误的数字，应全部划线更正，不得只更正其中的错误数字。

15. ABCD

试题评析：启用会计账簿时，应在账簿封面上写明单位名称和账簿名称，并在账簿扉页上附启用表；启用订本式账簿时，应当从第一页到最后一页顺序编订页数，不得跳页、缺号；在年度开始，启用新账簿时，为了保证年度之间账簿记录的相互衔接，应把上年度的年末余额，记入新账的第一行，并在摘要栏中注明"上年结转"或者"年初余额"字样。

（三）判断题（每题1分，共10分）

1. 正确

试题评析：会计主体是指会计确认、计量和报告的空间范围。会计分期为会计核算确定了时间范围。

2. 正确

试题评析：会计的职能是指会计在经济管理过程中所具有的功能。作为"过程的控制和观念的总结"的会计具有会计核算和会计监督两项基本职能，还具有预测经济前景、参与经济决策、评价经营业绩等拓展职能。

3. 错误

试题评析：由于会计分期假设，产生了本期与非本期的区别，从而出现了权责发生制与收付实现制的区别。因此，权责发生制和收付实现制两种不同会计基础的形成，是基于会计分期的假设。

4. 正确

试题评析：与费用相关的经济利益的流出应当会导致所有者权益的减少，不会导致所有者权益减少的经济利益的流出不符合费用的定义，不应确认为费用。

5. 错误

试题评析：收入是指企业在日常活动中形成的、会导致所有者权益增加的、与所有者投入资本无关的经济利益的总流入。按日常活动在企业中所处的地位，可分为主营业务收入和其他业务收入。主营业务收入是用来核算企业在销售商品、提供劳务及让渡资产使用权等日常活动中所产生的收入。

6. 错误

试题评析：对于国家统一会计制度规定的会计科目，企业可以根据自身的生产经营特点，在不影响会计核算要求，以及对外提供统一的财务会计报表的前提下，自行增设、减少或合并某些会计科目。

7. 正确

试题评析：应收账款属于资产类账户，增加记借方。

8. 正确

试题评析：凡是余额在借方的，都是资产类账户。

9. 正确

试题评析："利润分配"账户是用来核算企业利润的分配（或亏损的弥补）和历年分配（或弥补）后的余额。

10. 正确

试题评析：结转后，"本年利润"账户的贷方余额为当期实现净利润即自年初至本月末累计实现的盈利；借方余额为当期发生的净亏损即自年初至本月末累计发生的亏损。

（四）业务题（每题20分，共40分）

1. 第1小题：484 000　第2小题：8 000　第3小题：100 000　第4小题：100 000
第5小题：75 580

试题评析：

（1）营业收入＝主营业务收入＋其他业务收入＝420 000＋64 000＝484 000（元）；

（2）投资收益＝8 000（元）；

（3）营业利润＝营业收入－营业成本－税金及附加－销售费用－管理费用－财务费用＋其他收益＋投资收益（－投资损失）＋净敞口套期收益（－净敞口套期损失）＋公允价值变动收益（－公允价值变动损失）－信用减值损失－资产减值损失＋资产处置收益（－资产处置损失）＝484 000－325 000－15 000－10 000－32 000－10 000＋8 000＝100 000（元）

（4）利润总额＝营业利润＋营业外收入－营业外支出＝100 000＋12 000－12 000＝100 000（元）；

（5）净利润＝利润总额－所得税费用＝100 000－24 420＝75 580（元）。

2. 第1小题：108 000

第2小题：

借：生产成本　　　　　　　　　　　　　　　　　　　　　　　　60 000

　　　　贷：原材料　　　　　　　　　　　　　　　　　　　　　　　　60 000
　　第 3 小题：
　　　　借：制造费用　　　　　　　　　　　　　　　　　24 000
　　　　　　贷：原材料　　　　　　　　　　　　　　　　　　　　　　24 000
　　第 4 小题：
　　　　借：销售费用　　　　　　　　　　　　　　　　　15 600
　　　　　　贷：原材料　　　　　　　　　　　　　　　　　　　　　　15 600
　　第 5 小题：
　　　　借：管理费用　　　　　　　　　　　　　　　　　12 000
　　　　　　贷：原材料　　　　　　　　　　　　　　　　　　　　　　12 000
　　试题评析：

　　(1) 本月生产 W 产品的材料费用 = N 材料 60 000 + M 材料 80 000 × ［300／ (300 +
200)］=108 000 (元)。

　　(2) 本月领用 N 材料 60 000 元用于生产 W 产品
　　即
　　　　借：生产成本　　　　　　　　　　　　　　　　　60 000
　　　　　　贷：原材料　　　　　　　　　　　　　　　　　　　　　　60 000

　　(3) 生产车间领用原材料用于车间一般消耗，计入"制造费用"
　　即
　　　　借：制造费用　　　　　　　　　　　　　　　　　24 000
　　　　　　贷：原材料　　　　　　　　　　　　　　　　　　　　　　24 000

　　(4) 专设销售机构领用原材料计入"销售费用"
　　即
　　　　借：销售费用　　　　　　　　　　　　　　　　　15 600
　　　　　　贷：原材料　　　　　　　　　　　　　　　　　　　　　　15 600

　　(5) 行政管理部门领用原材料计入"管理费用"
　　即
　　　　借：管理费用　　　　　　　　　　　　　　　　　12 000
　　　　　　贷：原材料　　　　　　　　　　　　　　　　　　　　　　12 000

练习题三解析

(一) 单项选择题 (每题1分，共20分)

1. C

　　试题评析：我国的政府和非营利组织会计一般采用收付实现制，事业单位除经营业务
(如学校的复印部、食堂等) 采用权责发生制外，其他业务也采用收付实现制。

2. B

　　试题评析：会计监督是会计核算质量的保障。只有核算没有监督，就难以保证会计核算
所提供信息的质量。

3. B

试题评析："从银行提取现金"是资产内部一增一减变动，资产总额不变；"购买原材料，货款未付"是资产增加；"购买原材料，货款已付"是资产内部一增一减变动，资产总额不变；"现金存入银行"是资产内部一增一减变动，资产总额不变。因此本题答案为 B。

4. D

试题评析：费用是企业在销售商品、提供劳务等日常活动中所发生的经济利益总流出。

5. A

试题评析：主营业务成本属于损益类科目。生产成本、制造费用属于成本类科目。其他应收款属于资产类科目。

6. A

试题评析：本题考核资产类账户的记账规则。资产类科目一般借方登记增加，贷方登记减少，期末余额在借方。

7. A

试题评析：企业对外销售商品，购货方未支付货款导致企业应收账款。"应收账款"属于资产类科目，增加额应计入借方。

8. B

试题评析：资产＝负债＋所有者权益。

9. D

试题评析：根据总账科目期末余额直接填列的是固定资产原价。

10. B

试题评析：在一定时期内用一张原始凭证，连续不断登记重复发生的若干同类经济业务的原始凭证是累计凭证。

11. C

试题评析：年末未分配利润＝年初未分配利润＋本年净利润－计提的公积金－发放的现金股利＝100＋1 000－1 000×10%－1 000×5%－80＝870（万元）。

12. B

试题评析：记账凭证应当具备以下基本内容：①填制凭证的日期；②凭证编号；③经济业务摘要；④会计科目；⑤金额；⑥所附原始凭证张数；⑦填制凭证人员、稽核人员、记账人员、会计机构负责人、会计主管人员签名或者盖章。收款和付款记账凭证还应当由出纳人员签名或者盖章。

13. B

试题评析：单式记账凭证是指将每笔经济业务所涉及的每一个会计科目及其内容分别独立地反映的记账凭证。单式记账凭证便于会计分工记账以及按会计科目汇总，不便于反映经济业务的全貌以及账户的对应关系。

14. D

试题评析：总账账户平时只需结出月末余额。年终结账时，将所有总账账户结出全年发生额和年末余额，在摘要栏内注明"本年合计"字样，并在合计数下通栏划双红线。

15. D

试题评析：账簿按照账页格式分为两栏式、三栏式、多栏式和数量金额式。两栏式，是指只有借方和贷方两个基本金额栏目的账簿。三栏式，是指采用借方、贷方和余额三栏金额式账页的明细分类账，适合于那些只需要进行金额核算，不需要进行数量核算的债权、债务结算科目。多栏式，是在账簿的两个基本栏目借方和贷方中按需要分设若干栏的账簿。收入、费用明细账一般均采用这种格式的账簿。数量金额式，这种账簿的借方、贷方和余额三个栏目内，都分设数量、单价和金额三小栏，借以反映财产物资的实物数量和价值量。它是指采用数量和金额双重记录的账簿。原材料账户、库存商品账户固定资产账户等一般采用数量金额式格式。因此本题答案为 D。

16. C

试题评析：科目汇总表的编制方法是，根据一定时期内的全部记账凭证，按照相同科目归类，定期汇总出每一会计科目的借方本期发生额和贷方本期发生额，并填写在科目汇总表的相关栏内。

17. C

试题评析：全面清查是指对属于本单位或存放在本单位的全部财产物资进行的清查。

18. D

试题评析：在实际工作中，企业银行存款日记账与银行对账单余额往往不一致，其主要原因有两个方面：①双方或一方记账有错误；②存在未达账项。

19. A

试题评析：流动资产主要包括：货币资金、交易性金融资产、应收票据、应收及预付款项、应收利息、应收股利、其他应收款、存货等。预收账款、短期借款属于流动负债；无形资产属于非流动该资产。

20. C

试题评析："固定资产"项目，应根据"固定资产"账户余额减去"累计折旧""固定资产减值准备"净额填列。因此，资产负债表中"固定资产"项目金额为 1 000 000 − 300 000 − 100 000 = 600 000（元）。

（二）**多项选择题**（每题2分，共30分）

1. ACD

试题评析：资金的退出指的是资金离开本单位，退出资金的循环与周转。资金退出是资金运动的终点，主要包括偿还各项债务、依法缴纳各项税费，以及向所有者分配利润等。

2. ABCD

试题评析：根据《企业会计制度》的规定，会计期间分为年度、半年度、季度和月度，其中半年度、季度和月度合称为中期。

3. ABC

试题评析："短期借款""应交税费""预收账款"属于负债类科目，"预付账款"属于资产类科目。

4. AB

试题评析：企业的资产按变现或耗用时间的长短，可分为流动资产和非流动资产。固定资产属于非流动资产。

5. ABCD

试题评析：按会计科目归属的会计要素不同，可将其分为资产类、负债类、共同类、所有者权益类、成本类和损益类。

6. CD

试题评析：选项 B 的公式不成立。选项中 ACD 公式均合理，但选项 A 属于发生额试算平衡公式，题目要求余额试算平衡公式，故选 CD。

7. ABD

试题评析：工业企业的资金运动表现为资金的投入、资金的循环与周转、资金退出三部分。

8. ABCD

试题评析：会计核算的基本前提主要包括会计主体、持续经营、会计分期、货币计量。

9. ABCD

试题评析："营业外支出"账户是用来核算企业发生的各项营业外支出，包括非流动资产处置损失、公益性捐赠支出、非常损失、盘亏损失、罚款支出等。

10. ACD

试题评析：该笔经济业务应当编制以下会计分录：

借：银行存款　　　　　　　　　　　　　　　　　　56 500

　　贷：主营业务收入　　　　　　　　　　　　　　　　　　50 000

　　　　应交税费——应交增值税（销项税额）　　　　　　　6 500

11. ABD

试题评析：记账凭证审核的内容主要包括：内容是否真实；项目是否齐全；科目是否正确；金额是否正确；书写是否规范；手续是否完备。

12. AD

试题评析：记账凭证是登记账簿的直接依据，会计账簿是编制会计报表的依据。

13. ABCD

试题评析：造成账实不符的原因较多，如财产物资保管过程中发生的自然损耗；财产收发过程中由于计量或检验不准，造成多收或少收的差错；由于管理不善、制度不严造成的财产损坏、丢失和被盗等；在账簿记录中发生的重记、漏记和错记等；由于有关凭证未到，形成未达账项，造成结算双方账实不符；发生意外灾害等。

14. ABD

试题评析：总分类账户与明细分类账户平行登记的要点如下：①方向相同；②期间一致；③金额相等。

15. ABCD

试题评析：会计账簿的更换通常在新会计年度建账时进行。总账、日记账和多数明细账应每年更换一次。变动小的部分明细账，如固定资产明细账或固定资产卡片及备查账簿可以连续使用。需要更换的各种账簿，在进行年终结账时，各账户的年末余额都要以同方向直接记入有关新账的账户中，并在新账第一行摘要栏注明"上年结转"或"年初余额"字样。新旧账簿有关账户之间的结转余额，无须编制记账凭证。年度终了，各种账户在结转下年、建立新账后，一般都要把旧账送交总账会计集中统一管理。会计账簿暂由本单位财务会计部门保管 1 年，期满之后，由财务会计部门编造清册移交本单位的档案部门保管。

(三) 判断题 (每题1分，共10分)

1. 正确

试题评析：会计主体是指会计所核算和监督的特定单位或者组织，是会计确认、计量和报告的空间范围。

2. 正确

试题评析：此说法正确，我国的行政单位会计一般采用收付实现制，事业单位会计除经营业务可以采用权责发生制以外，其他大部分业务采用收付实现制。

3. 错误

试题评析：会计的基本职能是核算与监督，还有预测经济前景、参与经济决策、评价经营业绩等职能。

4. 正确

试题评析：费用类账户一般没有余额，如有，应在借方。

5. 错误

试题评析：在公允价值计量下，资产和负债按照在公平交易中，熟悉情况的交易双方自愿进行资产交换或者债务清偿的金额计量。

6. 错误

试题评析：设置会计科目的相关性原则是指会计科目的设置，应为提供有关各方所需要的会计信息服务，满足对外报告与对内管理的要求。要求充分考虑会计信息的使用者对本企业会计信息的需要设置会计科目，以提高会计核算所提供的会计信息的相关性，满足相关各方的信息需求。所设置的会计科目应当符合国家有关法律法规的规定，这是合法性原则。

7. 错误

试题评析：复式记账法是指对发生的每一笔经济业务都要以相等的金额同时在相互联系的2个或2个以上的账户中进行登记的一种记账方法。

8. 错误

试题评析："固定资产"账户的期末借方余额，反映期末实有固定资产的原价。

9. 正确

试题评析：现金日记账和银行存款日记账都属于特种日记账。

10. 正确

试题评析："固定资产"账户属于资产类账户，用以核算企业持有的固定资产原价。

(四) 业务题 (每题20分，共40分)

1. 第1小题：58 600　第2小题：498 655　第3小题：1 128 000　第4小题：42 000
第5小题：599 255

试题评析：

(1) 资产负债表中有些项目应根据几个总账科目的余额计算填列。如"货币资金"项目，应根据"库存现金""银行存款""其他货币资金"三个总账科目余额的合计数填列。即货币资金期末余额＝库存现金借方发生额＋银行存款借方发生额＋其他货币资金借方发生额＝2 600＋50 000＋6 000＝58 600（元）。

(2) 在资产负债表中，"应收账款"项目应当根据"应收账款"账户及"预收账款"账户所属明细账的期末借方余额合计减去"坏账准备"备抵总账账户中对应收账款计提的坏账准备后的金额填列。即，应收账款项目期末余额＝应收账款借方发生额－坏账准备贷方发生额＝524 900－26 245＝498 655（元）。

（3）根据有关科目余额减去其备抵科目余额后的净额填列。在资产负债表中，"固定资产"项目应当以"固定资产"账户余额减去"累计折旧"和"固定资产减值准备"两个总账账户余额后的金额填列。即，固定资产项目期末余额＝固定资产借方发生额－累计折旧贷方发生额＝1 410 000－282 000＝1 128 000（元）。

（4）"存货"项目，应根据"材料采购""原材料""发出商品""库存商品""周转材料""生产成本"等科目期末余额合计，减去"存货跌价准备"等科目期末余额后的金额填列，材料采用计划成本核算以及库存商品采用计划成本核算或售价核算的企业，还应按加减材料成本差异、商品进销差价后的金额填列。即，存货项目期末余额＝原材料借方发生额＋周转材料借方发生额＋生产成本借方发生额＝32 000＋3 000＋7 000＝42 000（元）。

（5）流动资产主要包括库存现金、银行存款、交易性金融资产、应收及预付款项、存货等。即，流动资产合计项目期末余额＝货币资金期末余额＋应收账款项目期末余额＋存货项目期末余额＝58 600＋498 655＋42 000＝599 255（元）。

2. 第1小题：110 750　第2小题：332 250　第3小题：33 225

第4小题：

借：利润分配　　　　　　　　　　　　　　　　　　　　33 225
　贷：盈余公积　　　　　　　　　　　　　　　　　　　　　　33 225

第5小题：

借：利润分配　　　　　　　　　　　　　　　　　　　　66 450
　贷：应付股利　　　　　　　　　　　　　　　　　　　　　　66 450

试题评析：

（1）201×年年初的"利润分配——未分配利润"账户的借方余额为300 000元，201×年实现利润总额743 000元，201×年应交所得税＝（利润总额－以前年度亏损）×25%＝（743 000－300 000）×25%＝110 750（元）。

（2）净利润＝利润总额－所得税费用＝743 000－110 750＝632 250（元），年初的"利润分配－未分配利润"账户的借方余额为300 000元，表示累积未弥补的亏损300 000元。因此可供分配的利润＝净利润＋年初未分配利润－弥补以前年度的亏损＋其他转入的金额＝632 250－300 000＝332 250（元）。

（3）按照《公司法》的有关规定，公司应当按照当年净利润（抵减年初累计亏损后）的10%提取法定盈余公积，即应提取的法定盈余公积＝332 250×10%＝33 225（元）。

（4）企业提取的法定盈余公积，借记"利润分配——提取法定盈余公积"科目，贷记"盈余公积－法定盈余公积"科目。即

借：利润分配　　　　　　　　　　　　　　　　　　　　33 225
　贷：盈余公积　　　　　　　　　　　　　　　　　　　　　　33 225

（5）企业对于以现金向投资者分配的利润或股利，借记"利润分配——应付现金股利"科目，贷记"应付股利"等科目。即：

借：利润分配　　　　　　　　　　　　　　　　　　　　66 450
　贷：应付股利　　　　　　　　　　　　　　　　　　　　　　66 450

归纳总结：对于考证，我还要重点复习的知识点有

本项目实训练习自我总结：

1. 重点：
2. 难点：
3. 易错点：
4. 我的漏洞：